The Architecture of Parking

北京市城市设计与城市复兴工程技术研究中心

城市设计与城市复兴译丛

泊车建筑

[英] 西蒙·亨利 著
吴晨 喻蓉霞 译

中国建筑工业出版社

著作权合同登记图字：01-2011-1415 号

图书在版编目（CIP）数据

泊车建筑/（英）亨利著；吴晨，喻蓉霞译.
北京：中国建筑工业出版社，2016.8
（城市设计与城市复兴译丛）
ISBN 978-7-112-19724-8

Ⅰ.①泊… Ⅱ.①亨…②吴…③喻…
Ⅲ.①停车场-建筑设计 Ⅳ.①TU248.3

中国版本图书馆CIP数据核字（2016）第199439号

责任编辑：程素荣 姚丹宁
责任校对：陈晶晶 姜小莲

城市设计与城市复兴译丛
泊车建筑
[英] 西蒙·亨利 著
吴 晨 喻蓉霞 译
*
中国建筑工业出版社出版、发行（北京三里河路 9 号）
各地新华书店、建筑书店经销
北京嘉泰利德公司制版
恒美印务（广州）有限公司印刷
*
开本：889×1194 毫米 1/20 印张：$12\frac{4}{5}$ 字数：313 千字
2017 年 1 月第一版 2017 年 1 月第一次印刷
定价：95.00 元
ISBN 978-7-112-19724-8
(28545)

目录

绪论

停车场建筑激发了小说家、摄影师和电影制作人的想象力[1]，但仍处于我们所了解的文化的边缘。或许险峻的虚构场景，或是上班、购物途中遇到的安静矗立的壮观建筑物就是对它最好的解释了。儿时，我曾认为：这些地方充满了活力，但又分外神秘，似乎并没有采用常用的设计规则。待到成年，我便也能欣赏这份神秘与非凡的美，进而萌生了强烈责任感。本书力求阐明这些激进建筑结构的独特审美以及它们提炼、映射建筑物设计理念的神奇力量。总而言之，停车场文化似乎已经为当代建筑师留下了不可磨灭的印象。

1905 年，巴黎，庞泰露车库（Garage de la Société Ponthieu Automobiles）（内部），设计者：奥古斯特·贝瑞

1905 年，巴黎，庞泰露车库（Garage de la Société Ponthieu Automobiles）（外观），设计者：奥古斯特·贝瑞

尽管我们对汽车十分依赖（趋势表明毫无减退的迹象），但由其衍生出的实体副产品，尤其是道路和多层停车场，却越来越不受欢迎。汽车超强的流动性总能使其免遭人类的批评。然而，不同于人类对汽车的批判，人类对停车场的批判并不仅仅是提出一些抽象的概念，如内燃机对全球变暖的影响，或是汽车污染对健康的危害，而是实实在在的、是对这些衍生副产品占用了人类生活环境的批判。在 20 世纪最后的 25 年中，保护环境游说者试图说服人类停止批判汽车给他们带来的影响，而随着城郊购物中心的迅速扩张，也有大面积的柏油碎石路面用于地面停车，但停车楼建筑依然声名狼藉。到了 90 年代中期，为了缓解城市拥堵，停车楼以一种实际解决方案的身份再次出现，其中尤以欧洲大陆最为明显。一种结合了平面、坡道、螺旋、折叠和连续景观，在技术上更加完善且不拘泥于传统的新型建筑形式出现了。20 世纪 50 年代和 60 年代，中规中矩的建筑风格被更具趣味性的建筑式样所取代，或者说这是对庄严的一种探索。

当今世界存在两种明显的趋势：一种强调技术的重要性，另一种则热衷于建筑类型的创新和新景观形式的创造。但停车场又是何时何地开始被定义为一种独立的建筑类型的呢？我们能够说出停车场不再模仿诸如仓库、办公楼或商店等建筑，开始拥有自身建筑类型的准确时间吗？ J.B. Jackson 关于国内车库发展演变的描述正是一个可信服的开始点。他在 20 世纪初对汽车的角色进行了定义，认为它们是“一种令人愉悦的交通工具；一个昂贵、令人兴奋并极为优雅的玩具”。[2] 汽车由专业人士，也就是司机，驱动驾驶。在城市和城镇上，汽车被存放在马车出租店内；而在市郊和乡下，汽车则被存放在马厩或是马车房内。起初，驾车探索自然是一种娱乐活动，一直以来也都是这样。这一定位和有限的汽车数量共同限制了静态（停放着的）交通工具对城市的影响。

然而，当车辆成为一种交通工具而不仅仅是一个玩具时，对停车场的需求也随之出现。20 世纪 20 年代以前，仅有少数几处较为著名的停车楼，实属一战前欧洲和美国最早的建筑实例。这其中包括由奥古斯特·贝瑞（Auguste Perret）设计的巴黎庞泰露（Rue de Ponthieu）车库（1905 年）、马歇尔与福克斯（Marshall & Fox）设计的芝加哥汽车俱乐部（Chicago Automobile Club）（1907 年）[3] 和为帕尔默与辛格（Palmer & Singer）而建的纽约马尔文与戴维斯（Marvin & Davis）车库。马尔文与戴维斯车库于 1908 年建成，恰巧与亨利·福特（Henry Ford）T 型车的发布日期一致。在庞泰露车库中，虽然车库的内部秩序被中央带有“玫瑰”形窗户的对称立面隐藏了，但贝瑞在设计中所应用的其对混凝土结构的独到见解是无法遮挡的。这一代的建筑得益于仓库的概念，当然，杰克逊也注意到“车库”一词正是衍生于法语单词“存贮空间”，即“仓库”。[4]

1925 年，俄国建筑师康斯坦丁·梅尔尼科夫（Konstantin S. Melnikov）预测我们对身边的三维内部景观形式会变得习以为常。他在巴黎两座停车场的设计中所运用的抽象美打破了仓库模型这一概念，两座停车场均能容纳 1000 辆车辆，但最终未能建成。其中第一座停车场是一座跨过塞纳河的大桥，展示了拥有动态结构的倾斜甲板和几何造型；第二座停车场拟建于地面，建筑物立方体的纯粹几何结构与贯穿整个建筑结构的四条旋转动态坡道相互重叠。这两处设计都为司机提供了观赏城市的绝佳视野，并构建了与周围公共空间的亲密关系。很难想象理想主义者们构想的神秘建筑能得以实现。虽然存在技术上的缺陷，但它们清晰地刻画出了 20 世纪 40 年代将要出现的建筑形式的特征：大进深平面、紧凑的剖面、倾斜的平面和主体结构。

横跨塞纳河的巴黎停车场草图，康斯坦丁·梅尔尼科夫于 1925 年设计

然而，建成的建筑仍保留着原来的风格，或至少在建筑外观上仍是由其他建筑类型衍生而来。例如 1928 年罗伯特·马莱·史蒂文斯（Robert Mallet-Stevens）在巴黎马尔伯夫街（rue Marbeuf）为阿尔法·罗密欧（Alfa Romeo）汽车而建的建筑物，综合了停车场、修理厂、展厅和办公室，并采用对称的外立面搭配坡道。此类建筑在 20 世纪 20 年代末的英格兰和欧洲大陆虽不多见，但在同时期的美国却颇为常见。正如 1928 年的《建筑师与建筑物新闻》（The Architect & Building News）中所提及的，巴黎很多车库都是“现有建筑物的翻版”（在伦敦也是一样），但也有“一些带有环形坡道的车库，此类设计也受到德国建筑师的青睐”。[5] 在威尼斯，欧亨尼奥·苗齐（Eugenio Miozzi）设计的呈庞大奶油状的停车库（1931~1934 年）拥有 2500 个车位，成为了多层停车场作为城市终点站的典范，基本上算是游客驱车到达罗马广场的道路终点。虽然欧亨尼奥的设计为如何利用纯粹的大空间和螺旋坡道提供了一种观念，但设计所采用的对称结构和 Art Deco 立面却隐藏了大进深的开放式布置和柱体支撑的低矮顶棚等不同寻常的室内空间，这一点颇像 1905 年奥古斯特·贝瑞（Auguste Perret）在庞泰露车库中所采用的设计。战前时期的停车场由服务员手控操作，通常还包括一些司机设施，设计采用光滑立面，为控制内部环境温度，部分设计还包含了采暖设计；此类传统的立面设计可以保护汽车的油漆喷面。当然，当时人们还不了解一氧化碳所带来的危害。

美国大萧条和第二次世界大战使停车楼的发展停滞不前。美国低廉的土地价格和英格兰、欧洲大陆闲置的被炸区域导致开阔的土地被运营商用于地面停车，如 1931 年建成的国家停车场（National Car Parks）。之后，由于战后更多的

1931~1934 年威尼斯停车库，设计者欧亨尼奥·苗齐（见 158 页）

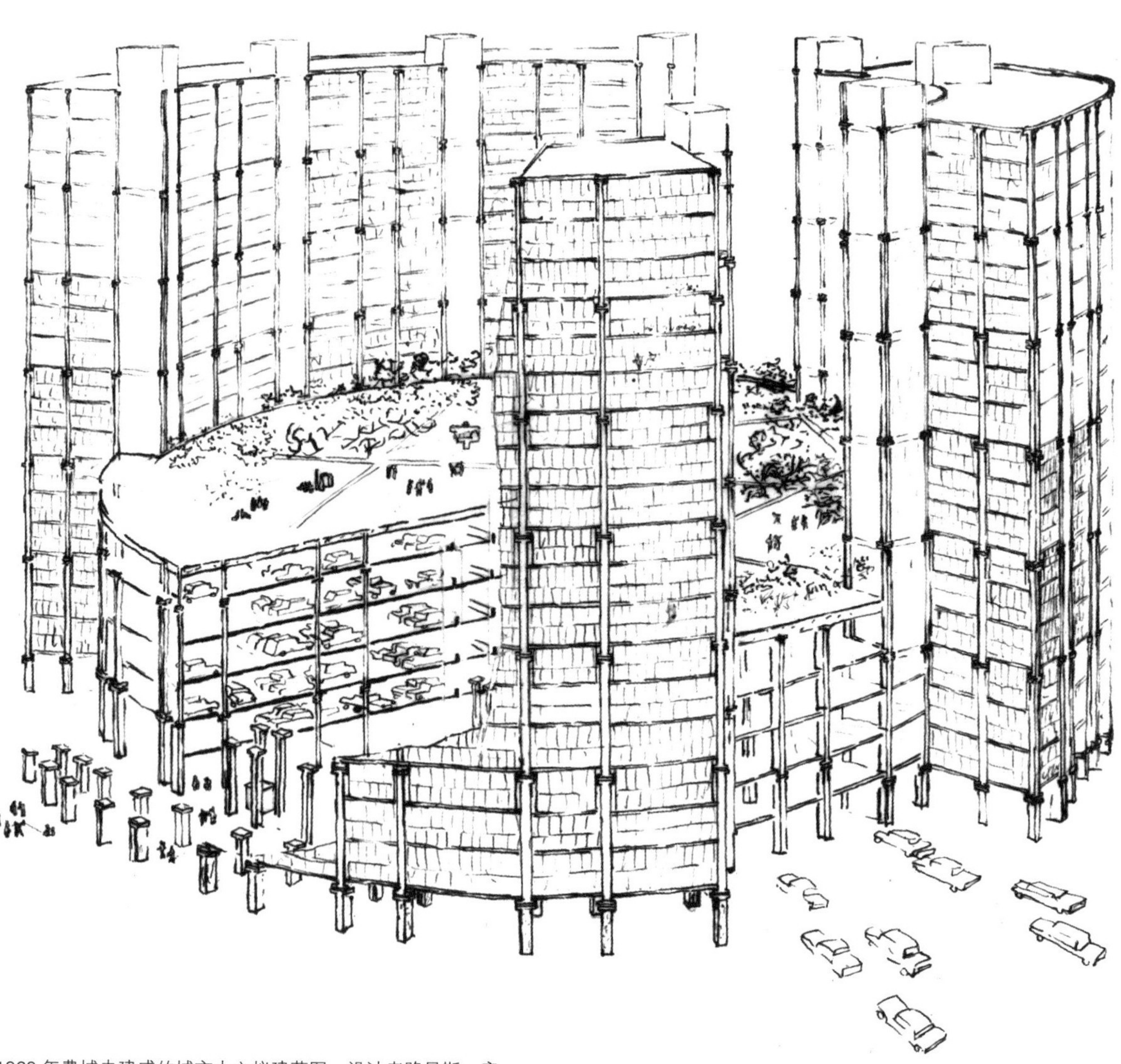

1947~1962 年费城未建成的城市中心拟建草图，设计者路易斯·康

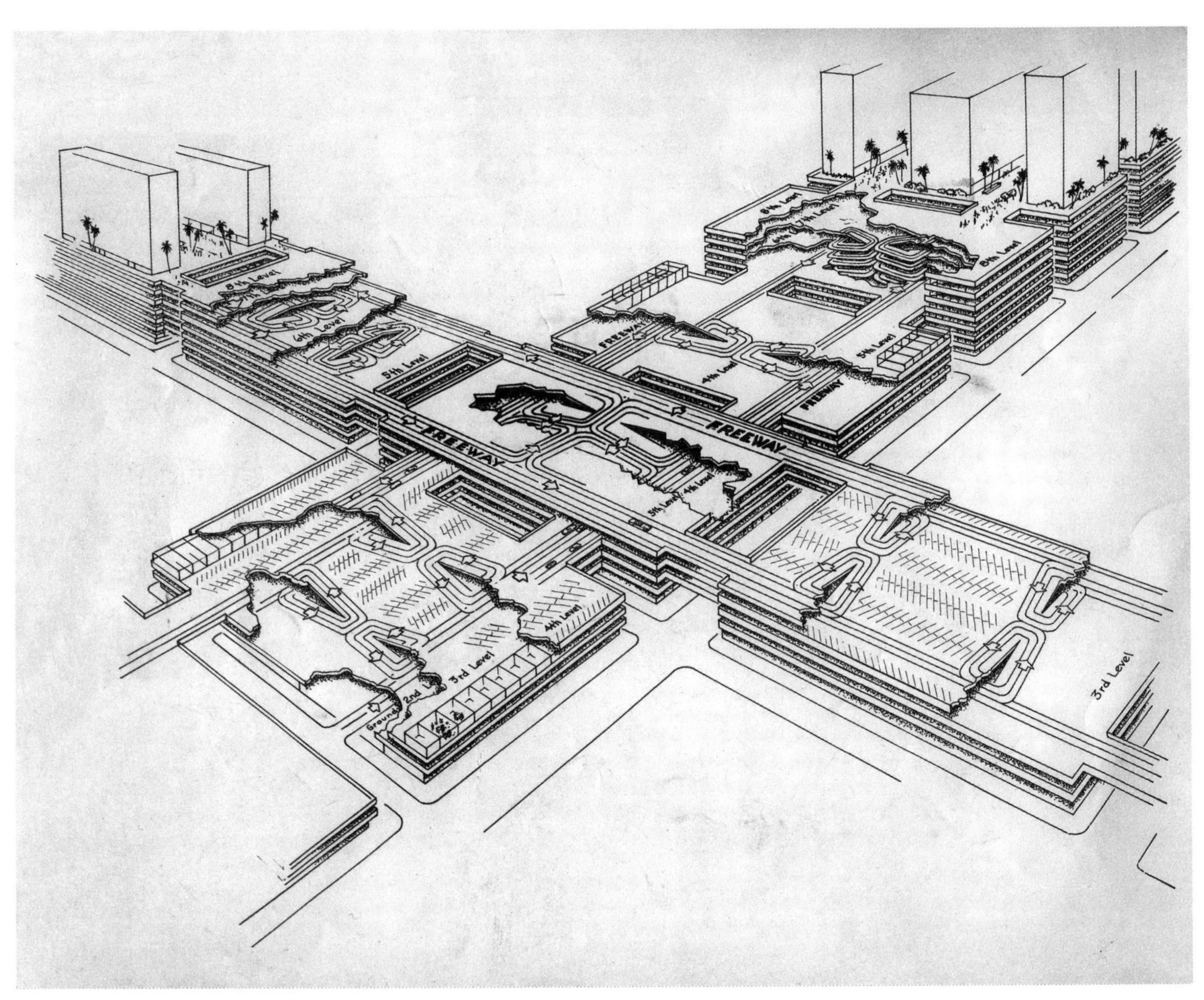
8th Level
6th Level
5th Level
FREEWAY
4th Level
5th Level
FREEWAY
8th Level
FREEWAY
FREEWAY
5th Level / 4th Level
4th Level
3rd Level
2nd Level
Ground
3rd Level

E·M·库利“城市未来”草图

人有能力购买汽车，尤其是20世纪50年代，大量人口选择使用机动车辆，停车场的时代也随之到来。从20世纪40年代末期到70年代早期，停车建筑遍布美国和欧洲。美式模型中最著名的当属由路易斯·康（Louis Kahn）设计、位于费城的未建成的城市中心。在康设想的城市中，设计建筑与堡垒平行而立，利用墙体和一圈圆柱形的停车塔楼可以建成远离车道的步行中心。从1947年直至1962年，他的设计研究历时15年。在他建立的模型中，街道大多被描述成“河流”或“运河”，停车楼则被视作“码头”、“港口”或是“海港”。停车场通常被设计成圆筒式或螺旋式建筑，成为多功能建筑的“黑暗”核心，外围则由商店、住房和办公室组成。康设计的停车场将这种抽象的建筑类型从公共领域中解脱出来，但不幸的是，该设计未能付诸实践。

在欧洲，当汽车所有权的革命与战时轰炸给城市带来毁灭打击不期而遇，新城市秩序的大门也由此开启，一圈多层停车建筑将步行中心与周围的城市环境隔离开，再通过一条环形公路相连。战后规划理论将重点放在了如何设置行人与车辆使之互不影响，这就促成了多层环形系统将依次与多层停车建筑、办公大楼和零售建筑相连的设计。在英格兰，《布凯南报告》（Buchanan Report）（1963年）预言了一种新型城市环境。在这种环境下，人们将开车上班或购物，自然停车场也会成为其中的一个目的地。在20世纪50年代的美国，情况稍有不同：由于汽车的广泛使用，郊区人口数量的增长比城市中心快29倍。[6] 所以说汽车对美国人生活方式的影响是重大的。为服务这群新增人口，建立了新型城外购物商场，“停车中心”的概念随之出现。[7] 最终，“购物中心”一词得以盛行。E·M·库利（E.M. Khoury）在他的“城市未来”（urban–future）设计稿（未标明设计日期）中绘制的高速公路与完整的停车场建筑，从根本上暗示出停车场蕴含的潜能将彻底改变我们的生活环境。

1948年迈阿密停车场，设计者罗伯特·劳·威德

1940年，理查德·诺伊特拉（Richard Neutra）设计了“户外多层停车库”。在他的设计模型中，虽然较矮的立面采用包覆设计，但较高的立面采用了开敞设计，使倾斜的停车甲板显露在外。很遗憾，这项设计未被付诸实践，停车场也继续采用仓库模式。[8] 设计风格的彻底转变是在1948年，建筑师罗伯特·劳·威德（Robert Law Weed）在他的迈阿密停车场设计中剥去了停车建筑自命不凡的外衣，打破常规，使停车建筑本身的结构完全外露，彻底颠覆了之前的设计风格。[9] 完全摒弃了窗户、砌体结构和所有与某一特定建筑流派或类型相关的折中细节设计，重点是，外立面被移除了。摒弃外立面的设计不仅降低了成本，还提供了大量的必要通风。该停车场为混凝土结构，搭配柱网支撑的3层悬臂

式结构和最少的周边护栏，极大地提高了施工效率。这无疑可称之为精美，但更确切地说，这是“车库设计短暂历史中的一个经典……后人无法超越”。[10] 这种悬臂结构设计在建筑形式上带来的革新，在之后的近 60 年里都是轻质结构方面的典范，这是诺伊特拉在他设计的刚性钢质框架中完全没有预料到的。之后骨架结构，或称为“截面”结构相继出现；这类建筑的雏形已经显露出来。

1952 年芝加哥 5 号停车场（Parking Facility No 5），设计单位：勒布尔、施洛斯曼和班尼特事务所（Loebl，Schlossman & Bennett）

到 20 世纪 50 年代，停车场设计的注意力转向了流通系统、停车布局和坡道设计，旨在加快停车速度和使停车操作更加简单。此时，连续面层结构应运而生，以减小车辆停滞在斜坡上的可能性；梯形停车方式（以一定的锐角角度进入停车道）的设计也使停车操作更加容易。1952 年，芝加哥城开始了一项史无前例的设计规划——在市中心区域建设 10 座多层停车建筑，命名倒也十分贴切，1 号到 10 号停车场（Parking Facilities No.1 到 No.10）。这种坡道和升降式停车场的组合体现了一贯的高设计标准。此次停车建筑规划的规模和影响力也只有 20 世纪 80 年代末期法国里昂市的地下停车建筑方能与之媲美。

在之后的 25 年中，停车建筑在世界范围内蓬勃发展。值得关注的有伯特兰·戈德堡（Bertrand Goldberg）设计的芝加哥马利纳城（Marina City）双子住宅大楼（1962 年），两座大楼均为 60 层高，大楼的停车场通过 19 层的连续螺旋式停车层嵌入塔底，实属停车工程中的巅峰之作。停车场也是构成“超级建筑”的一部分，例如苏格兰坎伯诺尔德（Cumbernauld）的新市镇中心（New Town Centre）（1963~1967 年），“一座城市的所有公共设施，与所有商业设施‘都将集中在’一处”。[11] 建筑与社会评论家雷纳·班汉姆（Reyner Banham）注意到当时对于坎伯诺尔德的主要反应都是“明显认可”。这一项目最终赢得了社区设计奖。到 60 年代末，随着当地政府投资规划项目的终止和保护历史游说团体的兴起，欧洲城市的大规模重建已成为昨日黄花。加之多层停车场可能庇护犯罪行为或对邻近街道产生影响，这些恐惧使得规划理论的方向发生了改变。至此，将大型抽象建筑引入历史城市传统建筑不再受到欢迎。[12]

////////////////// 见 224~227 页案例分析

然而在英国，像国家汽车停车场（简称 NCP）这样的公司所建设的私营停车建筑却得到了大力发展。萧条的市中心被炸区域被临时用作停车场，这种以营利为目的的投资企业由此诞生。NCP 意识到了开发这类场地用于多层停车场建设所蕴含的商业价值，准备在获得准许的情况下，尽可能地开发此类场地。场地以 19 平方米为一个停车位（含一半车道）进行分割[13]，这种停车单位修建成本低，可按小时或天进行租用。当政府投资发展项目停止后，NCP 继续为酒店、购物中心、写字楼、机场、渡轮码头和大学校园修建停车场。由于此类场所集中了大量活动，多层建筑的建设仍被认为是适宜的。

1973年，油价增长了400%，这对整个西方世界都产生了影响。[14] 20世纪70年代还发生了一系列与石油相关的环境灾难，绿色和平组织和其他组织对此进行了传播。对很多人来说，这些事件意味着汽车作为进步标志的时代已经终结，但并没有减少人们对汽车的依赖。到了80年代，除了泰格曼·法格曼·麦柯里（Tigerman Fugman McCurry）设计的位于芝加哥东湖街60号（60 East Lake Street）的自助式停车场之外，鲜有著名的新建停车建筑。这座12层的建筑采用了模仿20世纪30年代经典车型的正立面，立面后隐藏着一条矩形的连续双螺旋坡道。与五六十年代出现的“截面”结构进行整体对比，可以看出80年代的建筑结构在不显露坡道暴露或是车身的情况下，利用立面展现了其作为停车场建筑的风采。到80年代末，出现了一种“驻车换乘”的替代方案，通勤者可以将车辆停在城市边缘地区，然后乘坐班车到达市中心。至此，泊车建筑再一次占用了大片土地。

见132~137页案例分析

于是，随着地面停车建筑被大量封存历史，已建成的停车建筑也声誉骤跌，停车建筑开始被循环再利用。1987年，法国全国性报刊《解放报》（Libération）就将办公地点就转移到了一个带坡道的多层停车场里，停车楼位于巴黎共和国广场（Place de la République）附近，顶楼五层用作《解放报》的办公区。这一转变背后的团队——法国设计公司运河工作室（Atelier Canal）【代表：帕特里克（Patrick）和丹尼尔·鲁宾（Daniel Rubin）】意识到停车建筑是一种不寻常的资产：坡道建立了各楼层之间、以及与其他独立楼层之间的良好联系。[15] 之后，伦敦也经历了两次转变：由沃利斯、吉尔伯特及合伙人事务所（Wallis, Gilbert & Partners）设计、位于伦敦海尔勃朗街（Herbrand Street）的戴姆勒汽车出租车库（Daimler Car Hire Garage）（1931年），被用作麦肯爱里克森广告公司（McCann-Erickson）的办公室；而国王路的蓝鸟（Bluebird）车库（1924年）则被用作特伦斯·康兰（Terence Conran）商店和餐厅。此外，还有一座因商店和办公室关闭而被遗弃的4层停车场，停车场环绕着克里登（Croydon）镇中心。1993年，伯兹·波特莫斯·拉萨姆建筑师事务所（Birds Portchmouth Russum）开发的Croydromia项目试图以这座废弃停车楼为“基础”，建造一排充气屋顶结构，用于修建电影院、礼堂、美术馆和体育场馆，但这一项目最终未能建成。公司提案强调重新利用此类建筑的潜能，让城市重生。在这种情况下，停车建筑被视作一种催化剂，将在活动与目的地之间的共生关系中起主导作用。

斯特林·威尔福德建筑事务所（Stirling Wilford & Associates）与沃尔特·内格里（Walter Nägeli）于1986~1992年合作设计的德国梅尔松根镇贝朗总部（见78~81页案例分析）

正当停车场近乎灭亡之际，一批极具影响力的建筑师将注意力转向了此类建筑类型，取得了非比寻常的成果，创造了不符合通用自主泊车形式理念的项目。1991 年，斯特林·威尔福德（Stirling Wilford）与沃尔特·内格里（Walter Nägeli）完成了位于德国卡塞尔（Kassel）附近梅尔松根镇（Melsungen）的贝朗工厂（Braun Plant）设计。在这一设计中，停车楼成了坐落在一片怡人乡村景观中的大型工业园区的中心部分。虽然单独来看相对简单，但停车场所采用的螺旋筒坡道和桥梁（使之与楼梯连续墙连接），以及上部高架桥凸显了贝朗大楼集实用与独特于一体的发展创新。荷兰的大都会建筑事务所（OMA）、NL 建筑事务所（NL Architects）、MVRDV 建筑设计事务所和 UN Studio 建筑事务所也都开始探索停车建筑在形式和空间上的各种可能，并采用连续景观的概念、发展不同于 20 世纪中叶建筑模型的类型，创造出一种新的典范，使停车建筑与住宅、写字楼和商店，乃至城市的基础设施（如大都会建筑事务所设计的海牙地下交通道（Souterrain in The Hague）项目）结合起来。在过去十年中，隈研吾（Kengo Kuma）、十人建筑师事务所（TEN Arquitectos）和英恩霍文 – 欧文迪克合伙人建筑设计事务所（Ingenhoven Overdiek Architekten）都曾参与停车场建设，虽然停车场内部空间逻辑较为简单，但都采用了复杂的立面，通过构造和光线展现内部空间肌理，从而增强各种感官效果。

////////////////// 见 244~247 页案例分析

然而现代项目的终结毫无疑问颠覆了停车场的地位，曾经被视作现代城市规划的标志和代表了便捷与高效水平的停车场在很大程度上被视为城市废墟。停车场与相邻建筑之间的格格不入以及所造成的城市各部分之间的分割使之很难被宽恕。于是，人们再次将车停到了街道或荒地上，抑或是修建一些乡土建筑隐藏大多数缺乏创新的停车建筑。人们对多层停车建筑的规模和雕刻设计开始感到羞愧，越来越多的停车建筑也随之被隐藏到地下，其抽象的建筑形式也从城镇景观中消失了。就现存城市来看，地下停车场不太会选择在建筑物，尤其是历史建筑下建设，而更倾向于在公园、广场和街道下方修建。无论是对公共区域地下空间，还是对詹巴蒂斯塔·诺利（Giambattista Nolli）于 1748 年绘制的罗马地图（在我们看来是一张理想城市的详细地图）的“空余空间”的使用来说，停车场都为“城市的生命与活力”（迈克尔·葛瑞夫于 1979 年提出）打下了基础。[16] 近期的项目实例，例如贝聿铭（I.M. Pei）设计的巴黎卢浮宫、凯斯·斯潘尼尔斯（Kees Spanjers）设计的阿姆斯特丹博物馆广场（Museumplein）和米歇尔·塔奇（Michel Targe）、让·米歇尔·维尔莫特（Jean-Michel Wilmotte）和丹尼尔·布伦（Daniel Buren）合作设计、位于法国里昂策肋定广场（Place des Célestins）地下的螺旋形停车场无不力求为人们提供便捷的停车环境、保护历史建筑和街道，并维持市中心现状。

1994 年法国里昂策肋定广场，设计者米歇尔·塔奇、让·米歇尔·维尔莫特与丹尼尔·布伦（见 170~173 页案例分析）

停车场也可以阐述为对工程师标准的一种硬性实现，因为汽车和停车位的尺寸都是特定的，转弯半径也可以确定，而停车场的坡道和楼层都不能超过规定的范围。然而，这些标准也不一定会产生必然的、不可避免的结果。梅尔尼科夫（Melnikov）在20世纪20年代的实验中催生了一系列重复的、模块化的、骨架型的实用性平板建筑，产生了巨大的影响，并使城市中心的历史遗留建筑黯然失色。到20世纪80年代，这些工程建筑的直接冷酷被灵活、隐蔽和诙谐幽默取代了。时至今日，借由精细的变化构型、密围式、环形与线性几何构型、对称、重复和叠合手段，这种建筑类型得以重现。其他建筑用途的融入与美学上的反复见证了多层停车场的演变–趋于复杂化和人性化，此时密度、景观、内部空间和公共区域连续性的设计表现对泊车建筑的抽象空间诸多诟病，因为这些建筑要么沦为教条式形态，要么仍然是徒有精良工艺的孤立单一型建筑。

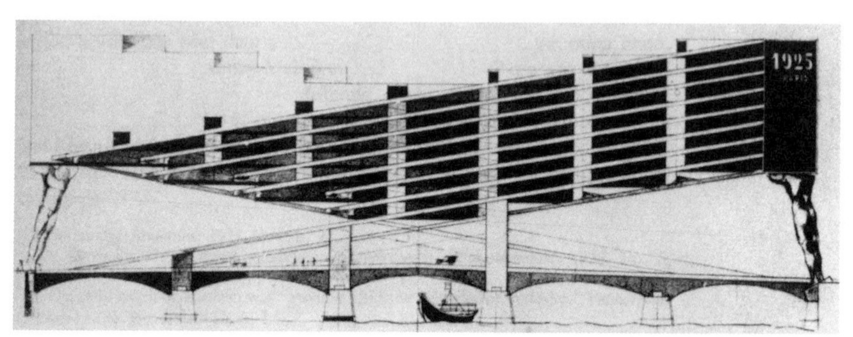

1925年横跨塞纳河的巴黎停车场草图，设计者：康斯坦丁·梅尔尼科夫

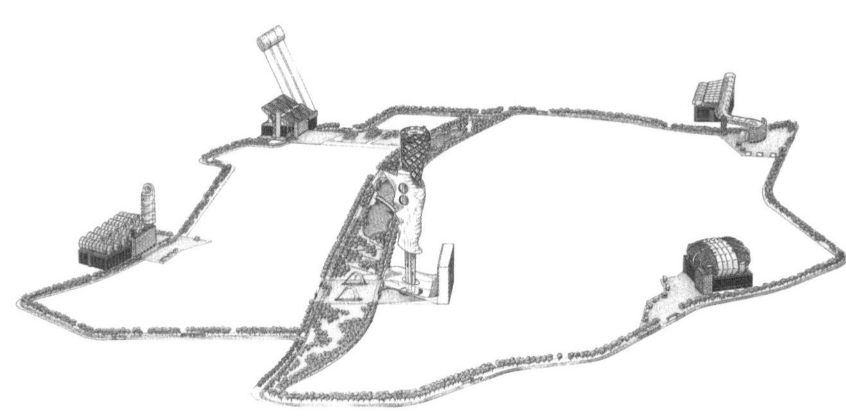

伯兹・波特莫斯・拉萨姆建筑事务所（Birds Portchmouth Russum）
1993 年伦敦克里登镇（Croydon）Croydromia 项目

位于克里登镇中心边上的四处停车场通过一条新环路和一座“中央”公园（镇中心分隔线）连接，在其屋顶上搭建了鲜明多彩的娱乐设施场地之后，整个停车场（路易斯・康称其为“港口”，参见第 12 页）焕然一新。停车场、相通的公共区域以及镇中心区这些便民的建筑最终作为民用建筑使用。

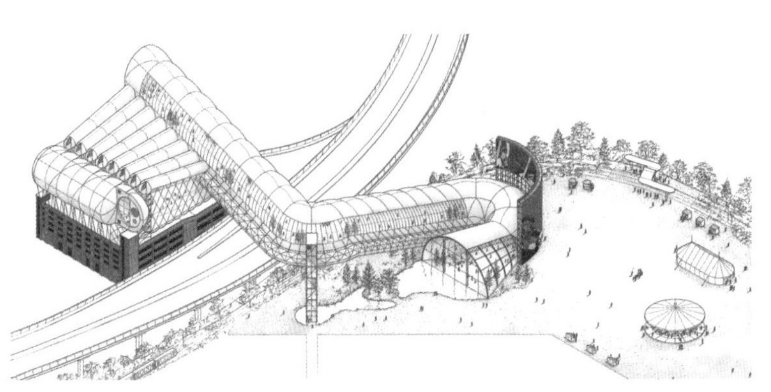

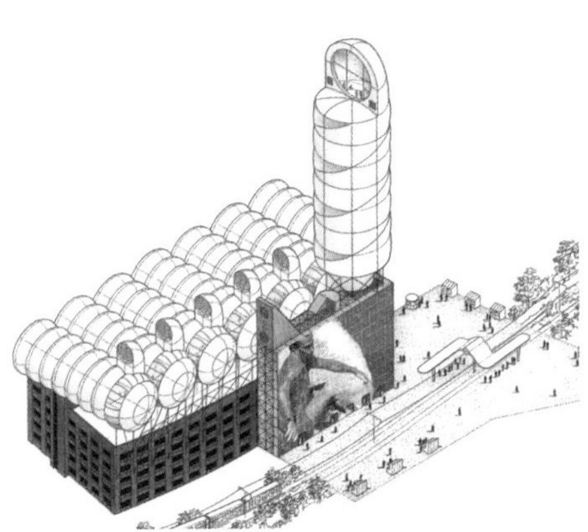

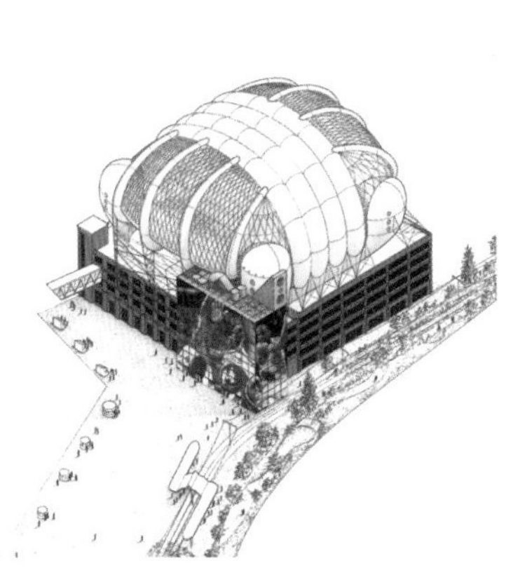

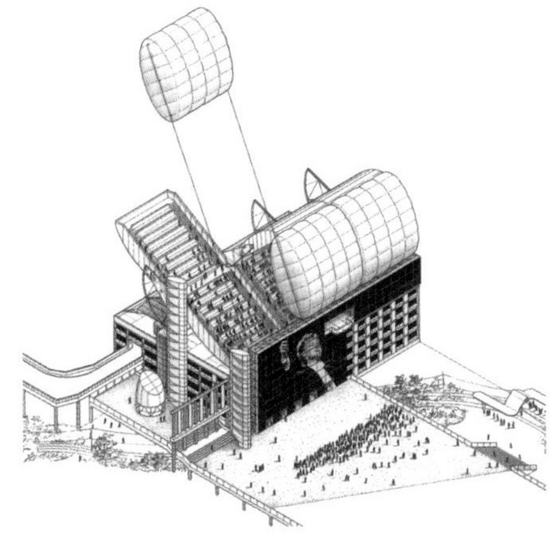

PALACE
AUTOMOBILES
DONNET
GARAGE
GARAGE

美学影响

1989年，笔者邂逅迪特里希·克洛斯（Dietrich Klose）设计的多层停车场，一个对20世纪50、60年代的泊车建筑设计和研究具有实用指导意义的建筑。黑白色的照片背景下彰显了一种罕见的沉静感，在高科技、后现代主义和解构主义盛行的环境下，显得既迷人又陌生。虽然其建筑平面简洁质朴、布局精巧、立面轮廓鲜明新颖，但在尺寸上与结构上却和行驶车辆的模块与轨迹一致。由此，设计师们开始追求巧妙精准地运用材料（混凝土）、形态（倾斜板和螺旋坡道）和富有表现力的诙谐立面来满足单一线性的停车布局需求。

见 27 页

连续面层

1996 年，当笔者重拾本书时，建筑风格已经发生了根本性的改变。此时距大都会建筑事务所（OMA）推出法国朱苏大学图书馆设计竞赛方案（Jussieu Library）已三年之遥，MVRDV 建筑设计事务位于荷兰希尔弗苏姆（Hilversum）的 VPRO Villa 也即将于来年竣工。虽然朱苏大学图书馆项目并未涉及停车场，VPRO 别墅涉及停车场的内容也相当有限，但两者都大量依赖坡道设计。过去十年间，连续面层引起了人们的深切关注，并且为各国建筑师所用，包括 Diller+Scofidio 建筑事务所、英国 FOA 建筑事务所（Foreign Office Architects）和扎哈·哈迪德（Zaha Hadid）等。博物馆和美术馆、公园、写字楼、住宅和渡轮码头也采用了此设计原则。似乎是从人类穿梭各个地区形成的动态效果获得了灵感，停车场的新式、大胆、时而夸张的设计中同样体现了这一动态，泊车建筑将停车场暗色调、怪诞的内饰与写字楼、住宅、购物中心和新型镇中心（位于莱德斯亨芬（Leidschenveen）的“Z 字形商场（Z-Mall）”，MVRDV 建筑设计事务 1997 年的设计作品）相融合。[17]

“内部形态”的盛行重新点燃人们对于施工技术的兴趣，尤其是现浇和预制钢筋混凝土（战后停车场的主材料）。多层停车场针对汽车而非行人而设，是一种独特的建筑类型。当停车位置于街道上时，作为建筑师，必须权衡如何将汽车移到特定的高度和位置，作为司机，我们离开停车场时又渴望怎样的环境。由此这类建筑设计便要考虑我们只是忽来忽去，不会在此滞留，并且停留时间较短，待在停车场只一刹那，却要经历如同在寒冷和潮湿的环境中所产生的那种恐惧感。光明与黑暗、温度与湿度对我们的生理状况究竟有多大影响呢？近来从实效到安全的重心转移让我们明显意识到，自己花了太多的时间去回味这些建筑带给我们的陌生感，可惜这种意识只是催生了新一代设计乏味的泊车建筑。

那么对于泊车建筑而言，持久的美学特征是什么呢？不出所料，美感源于汽车在建筑物中上下穿梭时所采用的策略，由此产生了我们称之为景观的形态，渗透于内部和外部形态中；其余特征源于所采用的结构、材料及其风化状况和光线品质；楼板、坡道和电梯厅构成了空间特征。虽然移动与倾斜现象之间的关联显而易见，但其他方面（像物质、光和立面）则潜移默化地源于汽车。1993 年，大都会建筑事务所（OMA）针对朱苏大学两座图书馆项目提出社会习俗城市扩建提案，标志着建筑界的巨变，由此注意力立即转向了楼层平面和内部景观理念。据建筑师所述，此次转变始于里尔（Euralille）项目（1988~1991 年）

1927~1928 年巴黎马尔伯夫街（rue Marbeuf）停车库，设计者：罗伯特·马莱·史蒂文斯（Robert Mallet-Stevens）
1928~1929 年巴黎马尔伯夫街停车库，设计者：阿贝尔·拉普拉德（Albert Laprade）与里昂·巴赞（Léon Bazin）

和基础设施问题。对于“倾斜”设计的青睐无疑可追溯到文艺复兴时期以及为马匹而设的螺旋坡道构造，例如伯拉孟特（Bramante）设计的梵蒂冈贝尔维第宫（Belvedere Palace）（1504 年）和意大利都灵的城堡水库（the Citadel Reservoir，意大利语；1565~1967 年）。而文学兴趣更有可能源于未来主义者对于汽车和崭新人生经历－速度的追捧。1913 年，博乔尼·翁贝托（Umberto Boccioni）在其首次未来主义雕塑展览目录的序言中提到，他所寻求的不是纯粹的形式，“而是纯粹的造型韵律;不是身体的雕刻,而是身体动作的雕刻”。因此,他所追求的“不是金字塔式的建筑（静态），而是螺旋式的建筑（动态）”。[18]

然而，未来主义建筑并未体现这种动态性，反而在俄国的构成主义中可窥见一斑，比如弗拉基米尔·塔特林（Vladimir Tatlin）的第三国际（1919~1920 年）纪念碑与梅尔尼科夫（Melnikov）对各类车辆的热衷。荷兰建筑师马特·斯坦（Mart Stam）也曾采用这种动态的设计理念，并在勒·柯布西耶（Le Corbusier）手下达到巅峰，即萨伏伊别墅（Villa Savoye）（1929~1931 年）的坡道设计，此后在众多设计方案反复沿用,比如哈佛大学卡彭特中心（Carpenter Center）（1961 年）和印度昌迪加尔（Chandigarh）（1957~1965 年）。或许是缘于伊拉克萨马拉市（Samarra）巴别塔（Tower of Babel）和阿不都拉夫（Abu Dulaf）清真寺螺旋尖塔（849~851 年）的先例，弗兰克·劳埃德·赖特（Frank Lloyd Wright）设计的戈敦·斯特朗汽车登高观象台（Gordon Strong Automobile Objective and Planetarium）（1925 年）的外部也运用了汽车坡道。而肯尼思·弗兰姆普敦（Kenneth Frampton）由此对该汽车坡道成为纽约古根海姆博物馆螺旋坡道式画廊的设计灵感作出了解释。[19] 同样，同 49 年前古根海姆博物馆建议曼哈顿城市的网格布局进行螺旋式扩展类似，大都会建筑事务（OMA）提议对朱苏大学进行扩建。沿博物馆坡道随心所欲、不受控制、疾驰而下的体验与行车感觉极其相似，而对于画廊的批判源于必须顺应坡道的斜度来观赏艺术品。

纽约所罗门·R·古根海姆博物馆，设计者：弗兰克·劳埃德·赖特，建于 1956 年，设计方案于 1959 年完成。

正当未来主义者倾心于汽车的动感时，“建筑原则”（Architecture Principe）团体的创立者克劳德·帕伦特（Claude Parent）与保罗·维希留（Paul Virilio）从弹道学和循环设计中获得了灵感。我们在古根海姆博物馆发现的不稳定性正是克劳德·帕伦特和维希留倾斜功能理论得以成立的原因，在该理论中，他们构想了一座由斜面构成的建筑物，取代了水平面和垂直面。维希留认为人体同样是不稳定的，处于不平衡状态中，并解释了我们“是如何有效地运动的，是如何受（相对的）不均衡推动的（这种不均衡源于人类栖息地的地球的重力）”。这种理念与“农耕时代乡村栖息地的水平秩序和工业时代城市栖息地的垂直秩序”完全不同,但已经能在坡道式“空间”(停车建筑)中感知一二。[20]“建筑原则”设计创建了等比例全景模型“Pendular Destabilizer1 号(Pendular Destabilizer No 1)”来检验“倾斜斜坡的可居住性,判定不同居住空间的最佳倾斜角度”。而 30 年后,大都会建筑事务所(OMA)在朱苏大学图书馆项目中采用了同样的手法,创建了一个 5m × 6m 的图书馆测试架,旨在证明柔和坡度的居住性,回答了是否可以在斜坡上居住的问题,答案是肯定的。

维希留进一步指出,有必要“摒弃垂直围护理念(受重力影响墙壁不能上人),依靠完全可上人的斜面去定义居住空间,从而增加有效面积”。从本质上讲就是“宜居活动原理”,并且是对朱苏大学图书馆模型或者停车场的公正描述,二者均利用柱网支撑连续倾斜表面,不用或少用垂直围护。朱苏大学图书馆项目的建筑师们在连续面层类的设计中制定了限制因素——建筑物的占地面积大小应能承受立面变化,保障以一定倾角连接倾斜板并适宜居住。这与集成式泊车建筑有明显区别。

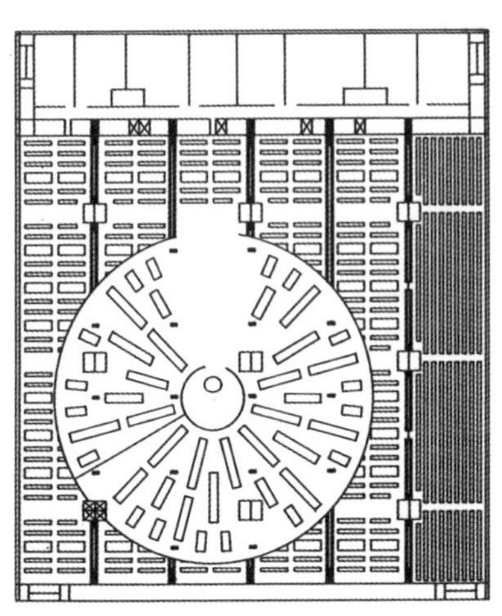

巴黎法国国家图书馆,始建于 1989 年,大都会建筑事务所设计

见 244~247 页案例分析

大都会建筑事务所(OMA)打破了三明治断面构造,通过调整楼面、规避楼层间干扰构成空间特性。比如新近落成的西雅图图书馆(2004 年),其螺旋形书架完美地诠释了信息管理方面的实用性。这座建筑物以连续性为出发点,很大程度上影响了建筑物的使用、信息管理、改建和变更等功能。[21] 大都会建筑事务所的作品中清晰表露出其对汽车毫无保留的热爱。停车场成为设计师们各类设计作品的灵感源泉,例如 1989 年竣工的法国国家图书馆(Bibliothèque Nationale),同时成为整合实际应用与其他建筑类型时的创意干扰源头,比如荷兰海牙市的“地下通道”(Souterrain)电车车站(2004 年)。由于依照平面而非断面设计,大都会建筑事务所发现基础设施更多地起到分隔而非衔接空间的作用,于是将设计策略转移到断面上,至此面层就如雨后春笋般出现在各个建筑作品中。

秩序和建构

虽然连续面层美学关注点与停车场、汽车和速度同步,但想在停车场秩序、材料和立面方面拼凑一个可媲美当代其他建筑作品灵感的关注点就愈发艰难了,这类建筑作品主要由赫尔佐格 – 德梅隆建筑事务所(Herzog & de Meuron)、克劳斯 – 卡恩建筑事务所(Claus en Kaan)和大卫·奇普菲尔德(David Chipperfield)推出。赫尔佐格 – 德梅隆建筑事务所汇集了一众优秀的建筑师,比如彼得·马克利(Peter Markli),其在混凝土应用上得心应手;克劳斯 – 卡恩

见 28 页

建筑事务所注重现代式样的复兴；大卫·奇普菲尔德（David Chipperfield）设计了西班牙巴伦西亚市美洲杯展示馆。然而对于停车场形式的关注可以从全世界的建筑师开始注重现代主义、新的 20 世纪类型学、结构框架与包层设计、空间、形式和非结构性自由立面中找到答案。

除了估且称之为荷兰式狂热的“倾斜”（坡道），建构也同样引人侧目。1995 年，弗兰姆普敦（Kenneth Frampton）给出了一个建构案例作为规范。他阐述了“工艺技术”的合理性，这种合理性源于下述理解，一栋建筑物“是一种日常体验，同时也是一种表征，而建造本身是一个实物，而非符号”，并进一步说明为何建筑物会成为“地点（topos）、类型（typos）和建构（tectonic）”的产物。[22] 然而鉴于泊车建筑坚固的内部构造，极少在设计中展现地点关联。那么建筑也自然变成类型（“静态”或“倾斜”）和建构（“立面”、“物质”与“光线”组合）的产物。因此部分建筑物的设计源于“倾斜”（面层），其余源于建构效果，由于该效果很大程度上取决于类型带来的契机，建构布局就相当明确了。

笔者建议，不要视泊车建筑为建筑学中的奇葩，应当视其为建筑学的必需品、基础；泊车建筑是一类半成品、半退化式的抽象类型，是建筑物的秩序，用于支撑，面层有局限性和围合性，是自然世界的本质对立面。外观上，泊车建筑的形和立面令人惊喜；在内部，景观、材料和光线融为一体，置身其中令人眼花缭乱，既心生畏惧又叹服其美，而这些极端效果又非刻意为之，那又是如何催生了这种陌生感呢？较之其他建筑物，停车场自主成型，形态有赖其内部秩序及停车秩序，属于仓库或是筒仓类型。同勒·柯布西耶的多米诺系统（1914 年）（结构与围墙分离）或为大进深的办公室类似，停车场用大量柱子承重。单从形式来看，泊车建筑属于多柱式建筑，虽然空间有限，但遐想无穷。重复性的手法让人晕头转向，如同置身迷宫。

这类空间类型的“陌生化”在阿基佐姆工作室（Archizoom）的作品中尤为明显，其以此为模型，设计了“无尽之城（No-Stop City）、住宅停车楼、气候通用系统”（1969~1972 年）。建筑变革期间，城市中的公共领域和私人领域融入一个单一且各向同性的空间与结构体系，此时“房屋化身为设备完善的停车场”。[23] 内部充满“固定的分类或空间形状”。场地定量取代定性理念之后，为家庭、工作、休闲和停车提供框架，把其从“所有先前构建的文化与社会模式中解放出来，打破了微妙的知性链接和诙谐的语言结构（将建筑定义为空间外形）”。阿基佐姆工作室总结道，泊车建筑缺少空间层次、文化内涵和空间规范。

正是车身模块决定了停车场的形状[24]，建筑物通过复制模块呈现其内部逻辑。柱子统一合理布局，确保不会阻碍行车道和停泊车辆；楼层间的高度最小化；平面与断面均匀；入口、楼梯和坡道设计略有差异。如果停车场表面必须设计坡道或者外围安全护栅，则进一步增强了均化效果。设有少量的门窗组件（如果有与实用的照明、引导标识和面层（地板、墙壁和顶棚）；建筑表面粗糙无饰面；可触区域有限；缺乏常见的细部设计。建构工艺到此为止，整个建筑物基本成骨架结构。停车场的布局以一系列静态的柱子、梁、板与护栏以及动态坡道为基础。而这正是我们所处的环境，一个抽象的、独特的“宇宙”，远离尘嚣、远离都市。

叙述式车库

大多数情况下，步行往返停车位至街道的路途倾向直观化，而有时这段路程正是泊车建筑的价值所在，这就是所谓的叙述式路程，可能包括行车通道在内。该类车库的先驱者吉安卡罗·迪·卡罗（Giancarlo di Carlo）设计意大利乌尔比诺（Urbino）市梅尔卡塔里（Mercatale）的车库（1970~1983 年）时引入了两层地下停车场规划，该停车场位于广场下方，主要用于管控旅游交通，并经由一条 15 世纪的马术楼梯（迪·卡罗于一座堡垒里发现）与上方新建的历史中心连通。该设计方案汇集了新老元素，使泊车建筑与这座历史古城建筑融为一体。

见 78~81 页案例分析
见 166~169 页案例分析
见 228~231 页案例分析

无独有偶，三个同时期项目（设计于 20 世纪 80 年代，建设于 90 年代）也例证了这类建造模式：斯特林（Stirling）、威尔福德（Wilford）与内格里（Nägeli）设计的位于德国梅尔松根（Melsungen）的贝朗工厂（Braun plant）、伯兹·波特莫斯·拉萨姆建筑事务所（Birds Portchmouth Russum）设计的奇切斯特（Chichester）市沙特尔林荫道（Avenue de Chartres）以及大都会建筑事务所（OMA）设计的位于法国里尔（Lille）的皮拉内西空间（L'Espace Piranésien）。前两个项目的虚幻效果令建筑物的画面感十足。贝朗园区位于乡野溪涧，设有一座桥和一条小型人工湖水坝；工厂的余下部分隐匿在这种对分布局中。奇切斯特停车场力求改变历史，更确切地说是通过人行天桥与堡垒楼梯间构成历史城墙的虚幻外延。然而里尔市正在全面推广基础设施，打造独特的城市环境，地面挖方和施工建筑群随处可见。大都会建筑事务所（OMA）设计的皮拉内西空间为单一的地下结构，融合了桥梁、楼梯、直梯和扶梯，停车场、地铁、火车三者贯通。

机械式停车库

另一类是机械式停车库，采用传送带、摩天轮或升降梯这些自动机械装置取代了汽车自身行驶动作，使其在空间内更大程度的静止移动。传送带式系统利用占据可用空间的旋转停车板垂直滚动（通常服务同一类型车辆）实现，适用于小面积场地。摩天轮式停车系统中，停车板悬挂在轮周上，车辆仍然停在独立的停车板上，虽然不能有效利用空间，但的确便于统一和制造，这样一来泊车建筑便可踏入工业及产品设计的原型化领域。

半建筑半机械的升降式停车库是20世纪末自动仓储式车库的先驱。外观上，构造简单；地面上，接待处和传送位标记了车辆进出位置；在内部，宏伟的大厅（提升间）贯穿整个结构空间。采用桥式吊车或拖卡升降机水平或垂直地把汽车运送到停车位。汽车呈架式“停放”在大厅各侧。结构内部，用于支撑停车板的钢筋或混凝土支柱使得空间的工业品质一目了然。停车库系统种类繁多，其中之一便是Zid停车场（Zidpark），采用8层结构、16部电梯，却只在伦敦用过一次。[25] 运行过程中，先由辊式输送机侧向传送汽车至升降厅，然后升高至指定高度，经电梯再次侧向运至停车位处，全程由一人在到达处进行远程操控。进入车库后将关闭发动机且采用钢制框架与停车板，火灾风险可以忽略。玛格丽特公主曾于1961年开放Zidpark，却只运营了一天。然而有意思的是，建筑电讯团（Archigram）可能将吊车机械装置作为其“插接城市”（1962~1964年）设计的模型。[26]

1961年伦敦上泰晤士河街Zidpark（内页照片：第4~5页）

侧载系统的另一个代表是纽约的全自动速度停车库（Speed-park），同样建于1961年，与奥的斯（Otis）电梯公司共同研发设计，可接待270辆车、单人操作、22秒停取车。其他泊车系统有维也纳新兴市场（Neuer Markt）的韦特海姆自动停车场（Wertheim-Autoparker）（1957~1958年）和多伦多节制街（Temperance Street）的鸽巢（Pigeon Hole）（1957年）。韦特海姆自动停车场共14层（含3层地下室），而鸽巢采用7层装在导轨上的升降机箱（10层最佳）。两个系统均可在30~45秒内经由升降梯把汽车传送到停车位，使用拖卡送至升降平台，只不过采用顺向传送，而非侧向，同时要求一名维护人员操作升降梯，时刻监控车辆直至顺利到达停车位。芝加哥的14层一号停车场（Parking Facility No 1）（1955年）采用了鲍泽（Bowser）停车系统，引入了天桥式吊车机械装置。翻阅当时对此类系统的描述，“速度”显得尤为重要。用于传送取回的机械装置引入了“时间”的概念和关联性，糅合了空间秩序与坡道式停车场的效率。

1961年纽约43号街速度停车库（Speed-Park），设计者米哈伊·阿里曼纳斯廷奴（Mihai Alimanestianu）

1956年，探寻机械化停车场的出路时，环形升降式车库应运而生。当时拟

伦敦伯灵顿车库（Burlington Garage）：升降式

建的“罗塔停车场（Rotapark）”打算在 31m×31m 的紧凑空间内放置直径 25m 的旋转停车板或是“搁板”。[27] 由中部呈十字形的 4 部升降机将车辆从街道传送至“搁板”上，随后停车板开始转动，将汽车运送至停车空位，而地面上紧邻升降梯的转台控制到达车辆的旋转。当时《建造者》(Builder) 中的一篇文章欣然称其为“机械性的、全自动的、按钮式操作的停车设施”。[28] 近半个世纪后，德国海茵建筑设计公司（Henn Architekten）在沃尔夫斯堡的汽车城修建了两幢 19 层钢框架结构的玻璃“汽车塔”。每幢塔楼采用独立的旋转升降电枢，将生产的汽车存放到附近的大众汽车工厂。汽车城中的汽车陈列在玻璃柜中，静候新主人将其提走，这与传统的“幕后店”截然不同。

反之，当我们置身于更为典型的升降式电梯间时，很可能会觉得这些泊车空间很突兀。如果说坡道式停车场类似一个陌生之境，那么这些电梯门、机箱、吊车和升轨更是高深莫测，较之传统停车场带来的阴郁感更是有过之而无不及。此外无须为驾车人士提供停车板照明，因此窗户和入口设置极少。如此这些神秘的停车大厅车辆密布却人烟罕至，不过是城市中的巨型机柜。

所有坡道式和升降式停车场一方面彰显了仓库本性的静态结构秩序，另一方面显露了水平式、垂直式抑或倾斜式的动态秩序。动静相宜的理念造成了这种当代建筑的两极化，但这确实表现了其本质，并且在某种程度上一直如此。但现如今，泊车建筑的本质特征 – 开始式微与倾斜设计应用，得以在图形、工艺、甚至是装饰作业显现，另一方面则体现在连续面层中。希望后续章节有助于厘清以下论点；前三章为“物质”、“立面”和“光线”，阐述了图形、工艺和装饰的理念；最后一章为“倾斜体”，涵盖了更为错综复杂的几何图形。

1993 年巴黎朱苏大学两座图书馆，大都会建筑事务所（OMA）设计

OMA 事务所在此次设计中摒弃了简单的楼面叠放，使楼面交错相连，构成一条“蜿蜒的室内林荫大道”。OMA 创造的大比例模型传递出图书馆强烈的居住感，而其打造的原比例实物模型佐证了倾斜面上放置家具的可行性。该项目展现了建筑内公共领域的一种独特延伸。

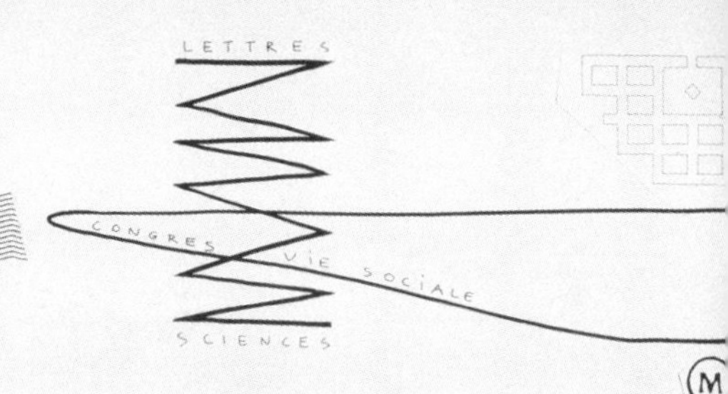

2005~2006 年西班牙巴伦西亚（Valencia）美洲杯大楼（Edificio Veles e Vents），戴维·奇普菲尔德建筑事务所（David Chipperfield Architects）设计

建筑师称其设计的美洲杯大楼为一系列“堆叠移动的水平面”。该建筑采用悬臂式混凝土层面结构，呈现出强烈的递减感，每一层面的设计旨在为观众提供连续视野和良好的遮阳效果；釉面内围墙远离建筑物外围；简化的拱腹和挑口设计细节令人感觉每层都是一个简约的白色平台。

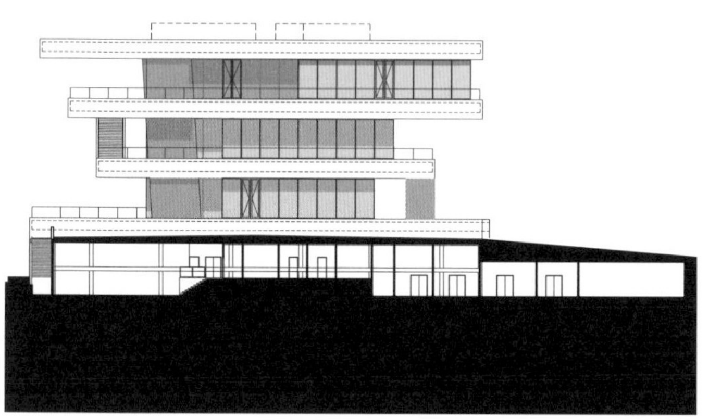

三层平面

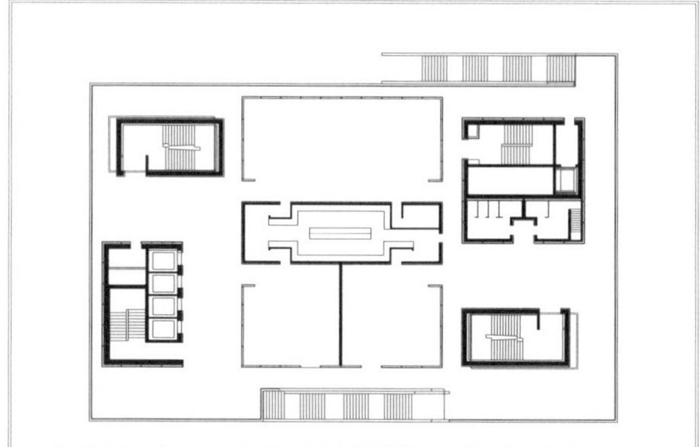

2001~2006 年德国斯图加特（Stuttgart）奔驰汽车博物馆
凡·贝克尔 – 博斯联合工作室（UN Studio）设计

两条参观路线（双螺旋结构）盘旋而下，贯穿每层建筑。沿着第一条参观路线，有汽车陈列室，在第二条参观路线中，大量的展车展现了梅赛德斯 – 奔驰车历史。两条路线不时交错。

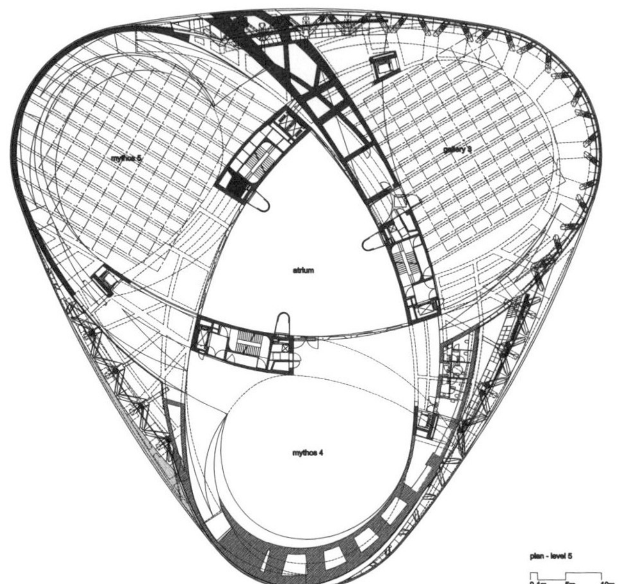

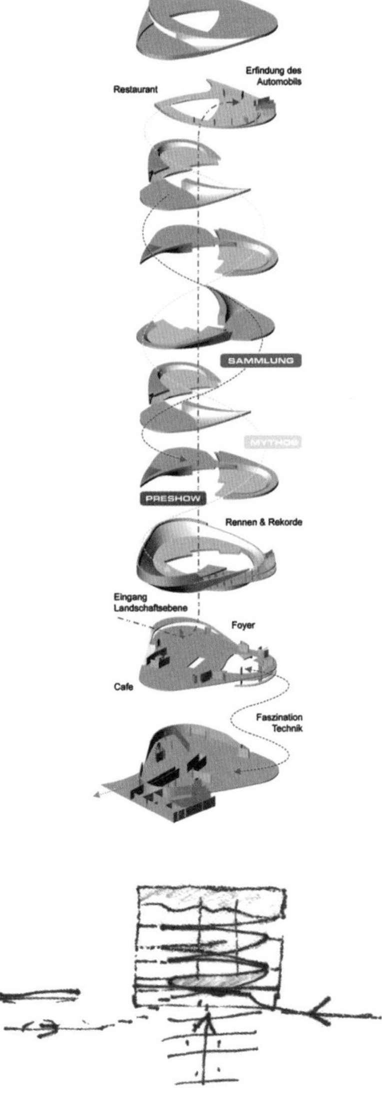

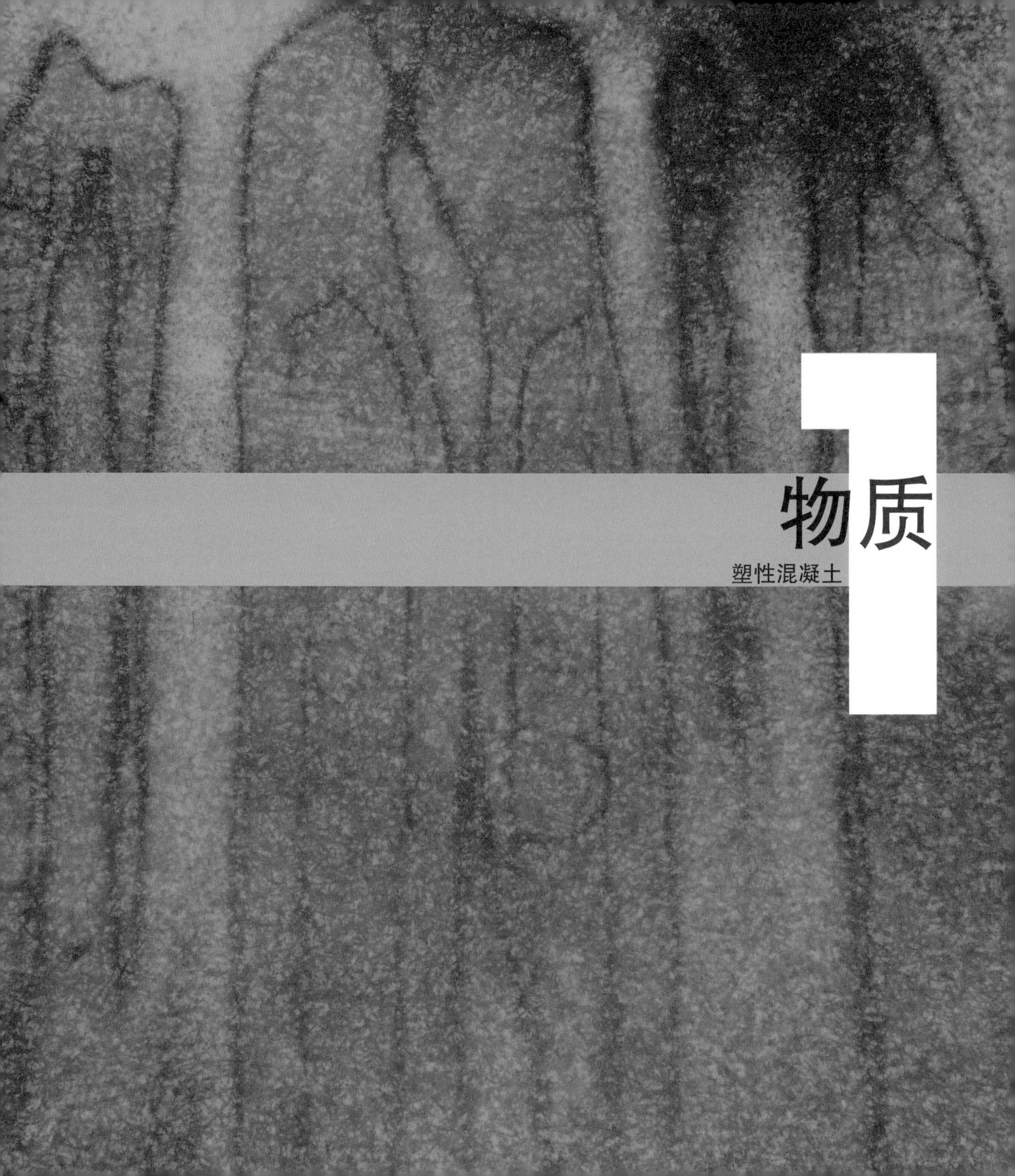

1 物质

塑性混凝土

10

物质

避开外层装饰（防潮层、薄膜层和保护层）和饰面设计的建筑物，其泊车建筑的物质性主要由上部结构、框架用料以及停车板呈现。在20世纪50、60年代停车场设计高速发展时期，一个注重实用性与时尚度的混凝土构筑物盛行的年代，这类建筑通常用预制混凝土板包层。虽然欧洲甚少采用钢材，但美国的建筑法规对防火构筑物要求相对宽松，可以用钢材，挪威和奥地利最近才用到木材。

所以毫不意外，我们一致设想多层停车场就是一幢混凝土构筑物：纹理粗糙、基调阴郁、陈垢积污。行驶在停车场中，所见景象千篇一律，裸露表面、停车板、拱腹、梁柱。许多人对于停车场施工简陋、维护不良的刻板印象实际掩盖了混凝土在结构与施工方面固有的多样性。采用钢筋加固时，混凝土可形成更大的连续跨度，且具防火性能；而其塑性尤为突出，混凝土的流动性可以打造流体面、停车板与坡道的双曲抛物面和螺旋几何图形以及整体结构，使构筑物和围墙融为一体。正如艺术家丽塔·麦克布莱德（Rita McBride）的作品所示，混凝土结构的建筑犹如用模子铸造而成，呈现统一均质的形态。[29]

无论是现浇、预制、钢筋混凝土，抑或平板式、框架式混凝土结构均对停车位（平面效率）和楼层高度（剖面效率）布局有影响。大致来说，边柱确保平面效率，平板式结构确保剖面效率。虽然效率在这些投机建筑的设计中起到了一定的作用，但似乎并没有显现出预期的科学性。当然，汽车本身尺寸有限，结构也会因此受限。在线性排列中，圆柱以 2.4m（欧式停车位宽度）的倍数间距纵向分布，通常为 7.2m，适用于平板结构；如需加长和加大跨度，需实施后张法施工。而在板上横向分布的圆柱决定结构形式，有四种基本配置：普通柱网架支撑的现浇钢筋混凝土平板结构（可能需要四个横向柱）；支撑钢筋混凝土平板的平衡悬臂结构（两个圆柱）；平衡悬臂框架结构（两个圆柱）；以及框架长跨梁和边柱结构（两根圆柱，中间无阻挡）。其他工程因素包括用料基本费用和开敞式平面结构的稳定性。前者可参考 1948 年罗伯特·劳·威德（Robert Law Weed）设计的迈阿密结构，采用了近乎完美的平衡悬臂框架（1 ∶ 5 ∶ 1），因此用料极少；后者则较少使用升降梯和楼梯要件，青睐现浇混凝土。

20 世纪 60 年代，工程师 E·M·库利（E.M. Khoury）针对连续表面发明了一种创新模型。模型由四个双曲抛物面象限组成，四角于平面中心相遇，两角上翻，两角下折，高低角融合，形成单变形表面。实际上，每层楼板在平面中心处断开，而连续楼板则在断开处相连，上翻楼板与上面的下折楼板相连，由此形成的开口确保了汽车在上下层间的连续路线。

E·M·库利的双曲抛物面项目

正是混凝土初始状态的流动性，使表面的塑形、弯曲与倾斜成为可能。混凝土，这种砂、水泥、水和骨料的混合物，被“加工成形”。模具或称之为模架，赋予了混凝土形状、塑形和众多特性，几乎所有材料都能用于制作模具，比如采用钢制品或胶合板打造清水混凝土饰面，或是采用粗锯木板，通过木纹制造粗制混凝土效果。1972 年，建筑师米盖尔·费萨克（Miguel Fisac）注册了一种被称为“柔性模架”的技术，采用桁架塑性造型以保持混凝土的原始流动性。

模架技术发展受阻后，利用水、空气或砂进行混凝土塑形，或是通过“粗面石工”塑造表面都是可能的，而所有技术均旨在去除砂或泥表面，露出骨料。在混凝土施工技术发展的全盛时期，露石混凝土表面的制造工艺得以完善记载，并对如何根据混合物、模架、加工技术和风化作用达到特定的颜色、质地或图案给出了详尽的建议。[30]

模架的制作和混凝土的混合、浇筑与固化（干燥），所有这些综合起来形成了一个半制造、半工艺的复杂过程。因此也容易存在表面起砂、开裂(细缝)、龟裂、变色、散裂（沿边剥落）等瑕疵。在实际应用中，这些表面瑕疵或多或少决定了混凝土的质地、色深和使得混凝土有别于抹灰、粉刷和油漆的特性。但这些瑕疵也使得混凝土在风化作用面前显得更加脆弱，因此，所用材料应具有良好的抗渗效果，避免骨料中的化学失衡或是发生渗水现象。戴维·莱瑟巴罗（David Leatherbarrow）和莫森·莫斯塔法维（Mohsen Mostafavi）在《持续风化：时光中的建筑生命》（On Weathering：The Life of Buildings in Time）一书中提到：“侵蚀带来的表面饰变和风化引起的尘垢积聚是带有“伦理意蕴”的物理事实。他们指出，这种饰变“可被称为‘审美’退化，因其可使建筑物‘美观’或‘不美观’。”[31] 这种观点基本认为风化作用属于无意行为，因此会使建筑物更加“不美观”。加之地面上轮胎磨损和漏油的痕迹，以及表面随处可见的烟尘和尿渍无不证实了这些停车场结构正在显著恶化。

在建筑内部，浇筑混凝土楼板的不平滑表面和头顶混凝土笼罩下的一片黑暗，这些未经处理和装饰的表面使得停车场内部看起来伤痕累累。虽然这类建筑几乎不需要维护，但经过近半个世纪的洗礼，许多建筑物已经老化。这些曾经日常使用的建筑如今也变成了“废墟”，既无门窗，也鲜有生命迹象存在，以一种或半完工或半毁坏的状态散落在城市被遗忘的角落。这些未受世人宠爱，并遭受时光洗礼损毁的建筑，这样剥落、破裂，甚至被冠以污渍至极的名号，被视作平拱腹下悬挂的钟乳石。在这遥远而灰暗的地方，处处尽显衰败。如今，这就是我们所看到的建筑，它们原始的粗犷结构，简单中掺杂着近代穷困潦倒的风范。但所有这些却仅仅突显了泊车建筑在越来越净化的城市中得以生存的独特性，政客以此向人们宣扬，未来一片光明。物质感使得停车场极易受到集体心理的攻击。

相较于重骨料、塑性和均质的混凝土，钢材造就了轻量而短暂的泊车建筑，视线所及的更多是车辆而非建筑本身。钢制或预制混凝土平台由钢柱和钢梁支撑，结构构件彼此可相互分割。和混凝土一样，钢材同样会受到天气条件的制约，

罗奇·丁克洛建筑事务所（Roche Dinkeloo & Associates）：1972 年纽黑文市退伍老兵纪念体育馆（见 70~77 页案例分析）

可采用镀锌或涂料喷涂加以防护，如未作处理，钢型材容易生锈。此外，也可以选择在设计中对锈蚀加以美化处理。罗奇·丁克洛（Roche Dinkeloo）在纽黑文市退伍老兵纪念体育馆（1972 年）的设计中采用了柯尔顿钢，利用钢材的自身氧化防止进一步的大气腐蚀，整个建筑也因此呈现深红褐色调。

就泊车建筑而言，物质与立面曾经密不可分，但在 20 世纪 80 年代（乃至近期），后现代主义者和环保人士揭露了一个以前从未意识到和研究过的停车场特性——停车场外观（包括材料和构造）与材料及结构秩序可以各自为政。停车场可以不必非得呈现出停车场式的外观或展示出其用途。泊车建筑通常采用砌体覆层，不再暴露在外部视线中的混凝土上部结构从内部看来混乱无序。昏暗的灯光给予其阴郁的外观，近看这类感观愈发强烈。但德国冯·格康、玛格及合伙人建筑师事务所（Von Gerkan，Marg & Partner）设计的希尔曼停车场（Hillman Garage）是一个少有的例外，砖块的应用不仅没有催生出一种历史厚重感，而正是精心雕琢的砌砖材质为这座城市打造了一幢巨型抽象性建筑，巧妙地将停泊车辆隐匿其中。更为罕见的当属 SOM 建筑设计事务所（Skidmore，Owings & Merrill）设计的吉达（Jiddah）国家商业银行（1981~1983 年），建筑布置了少量门窗以抵抗强烈的日照，表面的砌体结构进一步增强了纯圆几何构造营造出的隆重感。

见 51 页

见 50 页

经过这一低迷期（上述两个罕见案例除外），我们迈入了一个痴迷建筑物质、覆层与表层、建筑新形式的新时代。建筑师们开始热衷抽象体，许多建筑师追求复古，回归近代建筑式样，再次燃起了对混凝土的兴趣，当然不是看重其功效而是其观感。本来停车场的叙述建构就相当清晰，当解决热力性能和冷凝问题后，建构就变得愈发明了。这时期同样诞生了诸多钢制结构体，比如斯特林–威尔福德建筑事务所（Stirling Wilford & Associate）与瓦尔特·内格里（Walter Nageli）设计的德国梅尔松根（Melsungen）贝朗（Braun）总部以及 MGF 建筑事务所（Mahler Gunster Fuchs）设计的位于海尔布隆市（Heilbronn）的波尔瓦克斯图姆停车场（Parkhaus am Bollwerksturm Bollwerksturm）。波尔瓦克斯图姆停车场采用大跨度框架结构，用周边钢柱和横向梁支撑预制混凝土钢板层，两端采用现浇最终停车区和螺旋坡道保持结构稳定性，复合上部结构采用优良板条覆层、部分钢丝网修饰，和混凝土的可塑性和整体性截然不同。然而每个元素均应用了一种施工工艺，展现了精密的材料应用规模。如果非要吹毛求疵，不过是能力方面、判断力方面的欠缺，导致用料规模不当，造成个体元素与建筑之间、建筑与城市之间的错位。所以人们面对这些泊车建筑时也会不时滋生苦

见 78~81 页案例分析

见 174~181 页案例分析

乐参半之感。

Marques + Zurkirchen Architekten 事务所设计的卢斯特瑙 Marktzentrum Kirchpark 采用聚碳酸酯材料包覆顶棚，屋顶延伸至新公共广场上方，覆层布满材料体的开槽阴影，这种半透明性增加了平整表面的深度感。聚碳酸酯虽然是种廉价材料，但创意感十足，一对比便突显出了混凝土的呆板。如此引发了一种情绪上的转变，过去勒・柯布西耶仅仅出于塑性考虑采用混凝土，完全不考虑饰面问题，如今的做法使人马上联想到康，其表层会进行一定程度的修饰，而停车场不会考虑这笔预算。

////////////////////////////////////见 164 页

除了纯粹的精饰建筑技术，内饰期望值方面也发生了变化，从中可以看出对于细节或完美理念的愿景。而建筑师们即将进入设施商品化时代。十人建筑师事务所（TEN Arquitectos）在普林斯顿对他人设计的通用结构进行城市设计，制订覆层战略。打算在原建筑所在地修建一个公共空间，建筑采用精炼（设想一下精制食物）不锈钢网覆层。为了迎合社区，设计将建筑的外观和实用功能彻底划分开来，成为迎合规避风险的纯净世界的产物。

十人建筑事务所（Ten Arquitectos）：美国普林斯顿停车场（1998~2000 年）（见 107 页）

现存的混凝土结构均采用了外覆层，如都柏林特鲁里街（Drury Street）。[32] Cullen Payne Architects 公司利用圆孔筋板隐蔽预制混凝土的水平层、外露的骨料墙板和阴暗的内部空间，为地上 4 层停车场蒙上了一层面纱。一般情况下，结构物内部的混凝土波纹表层涂有防滑彩色油漆饰面，标记停车位置、行车道、坡道和行人专区。初始设计大多不涉及油漆饰面，仅有小部分涂漆面会包含在初始设计中，这种情况下漆面至少应标记出停车位置和车位数，安东尼・比尔（Antoine Béal）和卢多维奇・布朗卡特（Ludovic Blanckaert）设计的欧洲里尔商业区（Euralille）便是如此。有趣的是，各层停车平台在 2005 年翻新时被涂上了一层高光面漆，黑白相间的区域具有改变空间层次的作用，可以映射出楼层的深度，并从根本上改变了停车场建筑的一大特性——水平性。当这些可追溯的改变带来出乎意料的结果时，对于大多数停车场来说，涂漆和保护层的应用创造了一种可接受的短期饰面，平民化的设备和更强烈的照明使停车空间更明亮、更舒适，也显得更安全，更容易接受。

在这令人抑郁的实用主义氛围下，特雷莎・莎佩（Teresa Sapey）为马德里美洲之门酒店（Hotel Puerta de América）的地下停车场设计的多色趣味图片墙则令人感到十分愉悦。在这里，文字与色彩不仅仅是简单的代码和慰藉，而是唤醒了一种情感。罗茨乐・克雷布斯合伙人建筑事务所（Rotzler Krebs Partner）正是在位于瑞士温特图尔（Winterthur）的马格回收服务公司（Maag-Recycling）

//////////////////// 见 228~231 页案例分析

地上停车场的设计中采用了这一理念：绿色的涂漆平面不仅是单纯的停车层，还是雕塑景观的背景墙，结合植物与可回收材料的笼鼓，为有益活动创造了一种色彩丰富的环境。它属于基础设施、建筑物，抑或是景观，看起来圣洁而美丽。这两个案例都体现出人们在停车场中对人性化的渴望，而智慧终究是对这种理念一种更为复杂的回应。

见 52 页

见 53 页

对多层停车场而言，功能性是一种良性动力。停车场对于功能的要求并不高，但良好的功能可以赋予停车场一种匀质秩序、使物质加工更加谨慎、残酷。这种物质的触感和分布让我们想起了城镇里那些独特的陌生地方，营造出了一定程度的抽象感，这在其他人为环境中是很难找到的。它让人产生一种莫名其妙的熟悉感，或许还没有洞悉的能力去辨认，但却会感到恐惧。这种抽象品质或许是停车场立面可以给出的最好解释，这也是下一章节的主题。

阿姆斯特丹“漂浮的”停车场

钢框架结构、预制混凝土板

钢框架结构、现浇混凝土板

现浇混凝土肋片

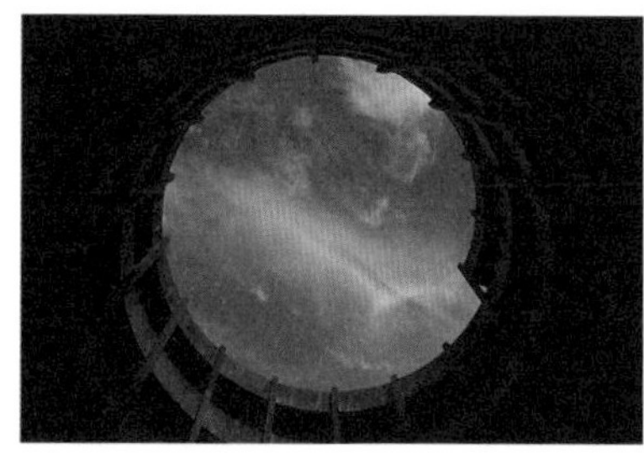

透过屋顶混凝土圆孔仰望的天空

花格镶板混凝土结构

缓坡 slow decay

砖砌结构

自然风化作用

X 形混凝土覆面（X 为空）与结构（X 为混凝土）

20 世纪 60 年代珀纳斯（Penarth）停车场
未知建筑师

虽然我们已经渐渐习惯了城市里的停车建筑，但在布里斯托尔海峡（Bristol Channel）边缘的珀纳斯，停车建筑还实属罕见，它的突兀介入不可逆转地改变了我们对海边的印象。就好像这座无情的混凝土建筑被搁浅了，仅仅通过一条坡道与海岸线相连。犹如是诺曼底登陆的海滩，与其说是一个游乐场，不如说是一座滩头堡。

1968 年葡萄牙波尔图（Porto）停车场
阿尔贝托·佩索阿（Alberto Pessoa）与约翰·贝萨（João Bessa）

停车场从波尔图中心的山坡上显露出来，8 层厚厚的模板纹饰面混凝土结构层层叠加，一抹浓重的阴影相间其中，使得层与层之间两两分离。建筑物直径近 70m，屹立于两个同轴混凝土中央鼓形结构和 24 根边柱之上，而两个中央鼓形结构中间盘旋着一条成对的双螺旋坡道。内鼓形结构和外鼓形结构与边柱之间的主要汽车停放在内鼓形结构的内部和外鼓形结构与边柱之间的主要停车层上，驾驶者可以欣赏到波尔图天际线的独特全景。围护结构为丰富的全景视野创建了一种节奏的衬托。从楼板与上方拱腹之间的行车道上便可沿途欣赏到波尔图的全景。如今，建筑顶层的停车层成为了舞池。

1983 年吉达（Jiddah）国家商业银行
SOM 建筑设计事务所（Skidmore，Owings & Merrill）

国家商业银行（NCB，National Commercial Bank）的 6 层环形停车建筑，连同三角形的办公大楼一起，是建筑师戈登·邦夏（Gordon Bunshaft）的最新设计任务。这座停车场与他的另一件设计作品——赫希洪（Hirshhorn）博物馆（1974 年）极为相似。与博物馆所采用的环形喷砂混凝土结构不同的是，这座停车建筑采用了圆筒式混凝土结构，以及与石灰华大楼相匹配的着色。停车建筑稳固地矗立在地面上，在炎热气候下越发显得沉稳。精致的竖轴窗扇盘旋而上，映射出立面上连续停车层的螺旋形轨道。

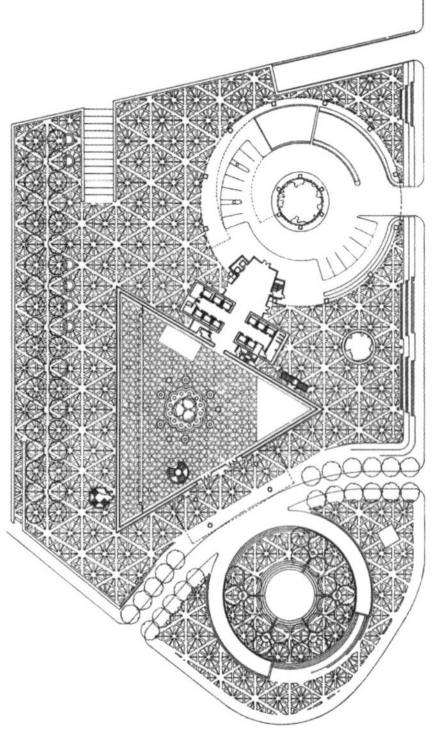

1983~1984 年不来梅港市（Bremen）希尔曼停车库（Hillmann Garage）
德国冯·格康、玛格及合伙人建筑师事务所(Von Gerkan，Marg & Partner)

这座 7 层高的建筑被砖砌墙体围绕着，呈对角线设置的楼梯将珍整体立面分离开。下部的砌体结构整齐而统一，上部则形成了搭配方形开口的横梁式结构。这些保留的开口除与楼梯相连外，都被牢固的砌筑网格“封闭”，形成对流。楼梯下部则通过交叉结合的方式，在砌砖墙表面预留孔缝，以达到理想的通风效果。

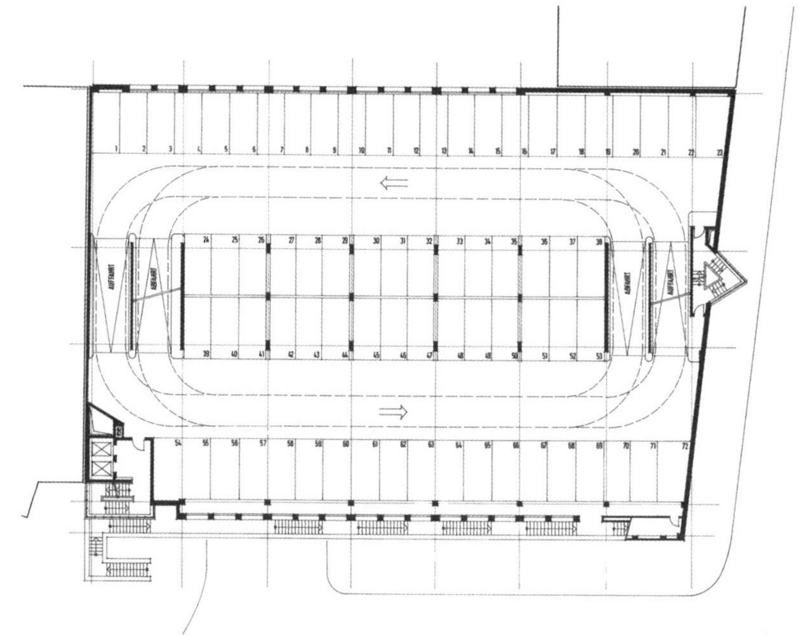

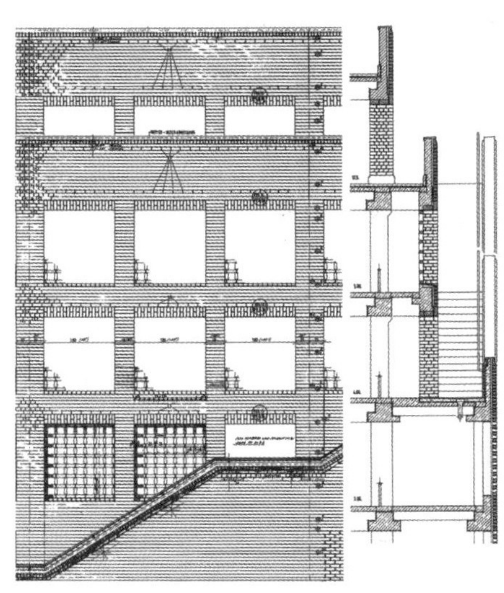

2005 年马德里美洲之门酒店（Hotel Puerta de América）
特雷莎·莎佩建筑工作室（Teresa Sapey Estudio de Arquitectura）

母亲与孩子、电梯中的人们、一只巨大的手掌……这些都是特雷莎·莎佩（Teresa Sapey）在美洲之门酒店的停车场设计中所采用的众多图标的一员。受法国诗人保尔·艾吕雅（Paul Éluard）的作品——《自由》（Liberté）的启发，她设计的大多图案意在营造一种自由存在的感觉，另一些则是简单的信息类图标，当然，这些图标设计没有一处是平淡无奇的。在这里，颜色与文字成了“素材”，与人们印象中单调黑暗的地下停车场形成了对比。

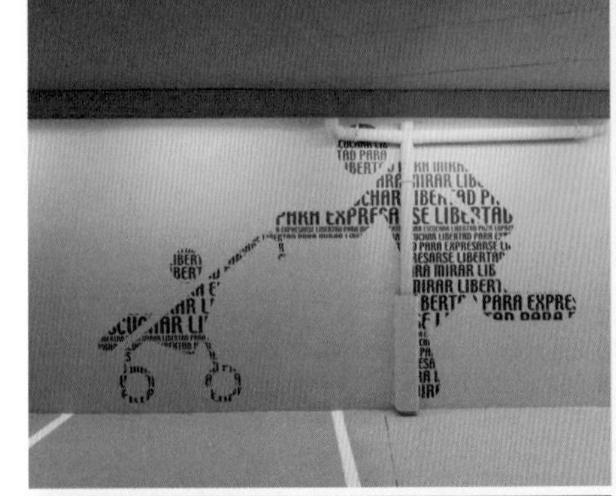

2003~2004 年瑞士温特图尔（Winterthur）马格回收服务公司（Maag-Recycling）
罗茨乐·克雷布斯及合伙人建筑事务所（Rotzler Krebs Partner）

考虑到“人工自然”和“美学意义上高贵的回收产品”，景观建筑师罗茨乐·克雷布斯（Rotzler Krebs）将仓库生动的绿色屋顶分成了停车用地和人们口中的“户外休息区”。白色图形标示出 90 个停车位，紧邻这片区域的“休息区”内则散落着洋红色的座椅（用回收材料填充的网状鼓墩）和圆形花架，营造出一种诗一般的境界。

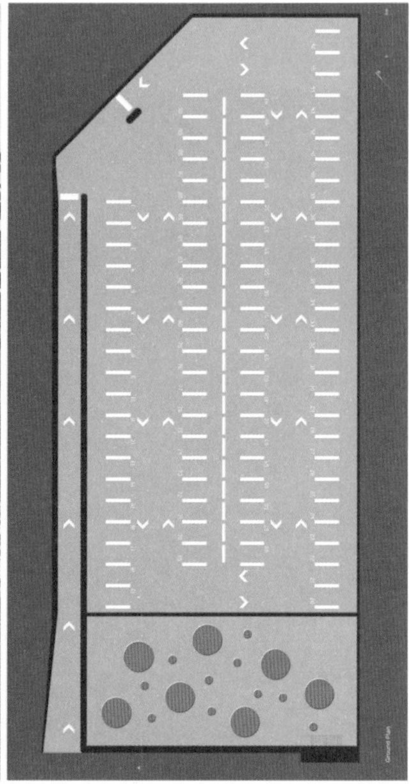

1999~2000年瑞士卢塞恩（Lucerne）交通博物馆

吉贡+古耶建筑设计事务所（Gigon/Guyer Architekten）

建筑师将他们的“街道广场”建筑描述为“车轮上的运动”，他们在设计中摒弃了楼梯，而利用围封式坡道连接建筑各层，使建筑环绕着这个简单的矩形结构。裸露在外的型钢混凝土组合桁架上部结构激发了一种新的建筑语言，对建筑师来说，这些粗糙的混凝土楼板和拱腹正是指的道路。对他们而言，这种“车库式的”审美观只是被立面上覆盖的玻璃缓和了。

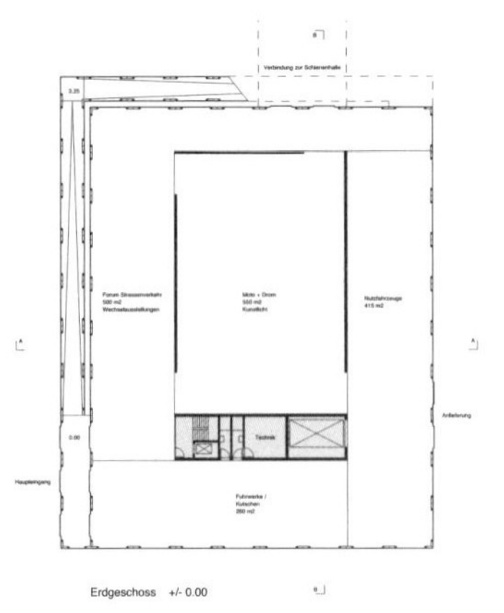

Erdgeschoss +/- 0.00

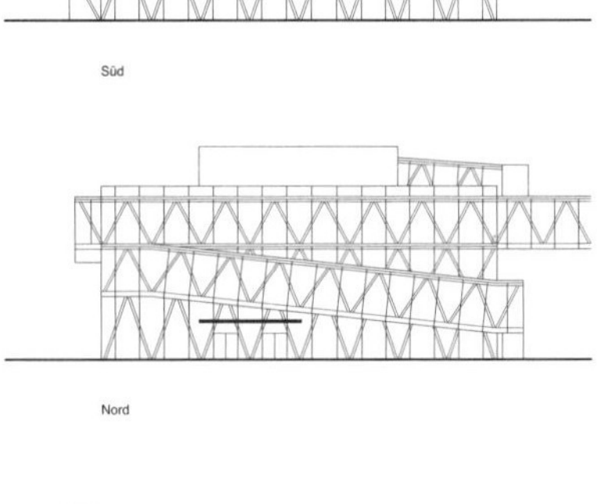

Süd

Nord

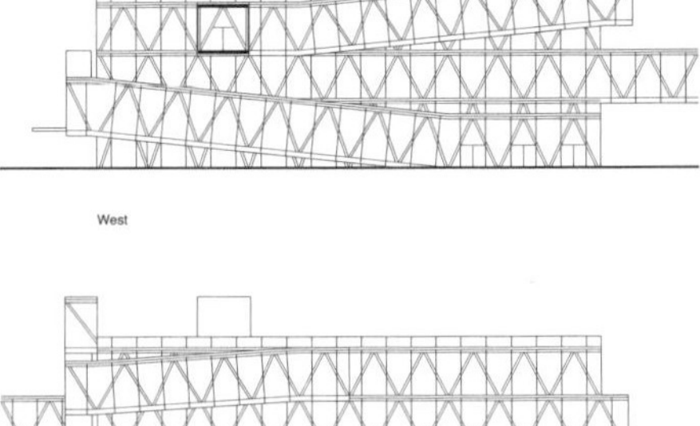

West

Ost

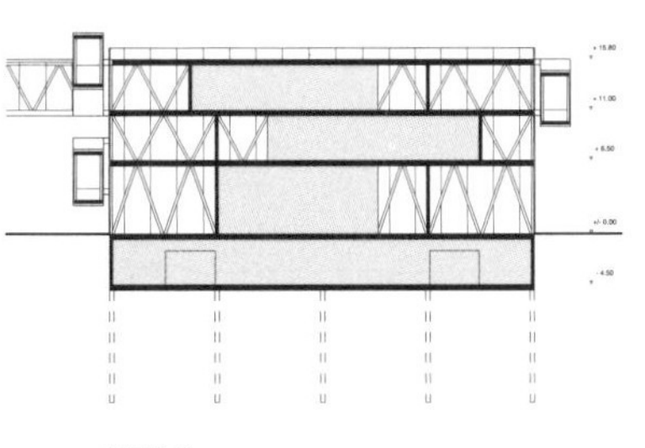

Schnitt A - A

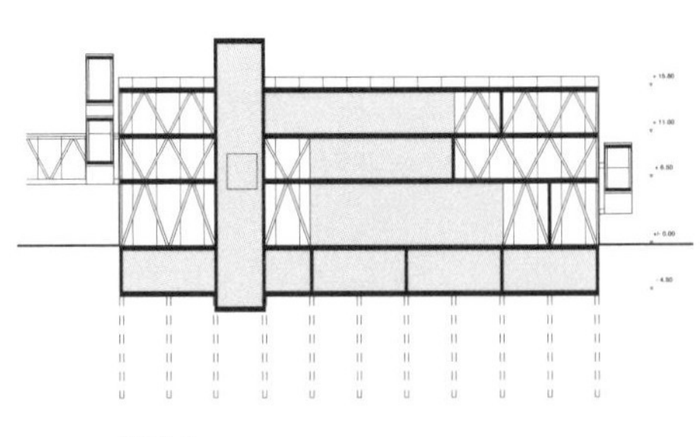

Schnitt B - B

案例研究

1959~1963 年美国纽黑文市圣殿街（Temple Street）
保罗·鲁道夫（Paul Rudolph）

在过去的 45 年里，耶鲁大学的所在地——纽黑文市，一直是粗制混凝土与停车库设计爱好者们所渴望的地方。20 世纪 50 年代中期，当地政府开始重新规划市中心附近已经衰落的街区——纽黑文绿地（New Haven Green）。果不其然，对这个将为当地带来集办公楼、百货商店、酒店和银行于一体的新型商业中心来说，停车场在此次的总体规划中起到了关键性作用。停车建筑南端盘旋交错的入口坡道实际上可以看作是公路基础设施的一种延伸，它将成为与橡树街高速公路（Oak Street Connector expressway）之间的一条脐带，使市中心与康涅狄格州收费高速公路（Connecticut Turnpike）相连。一系列完整的人行地下通道和天桥使停车场与周围建筑物相连，通勤司机可不必驶入圣殿街（即可直接驶入周围建筑）。这种“整体式”布局造成了公共领域的荒芜，如今令人倍感厌烦。这一设计的初衷意在令停车场覆盖高速公路区域，使这个三倍长的超级建筑将纽黑文市的两部分连接起来。但本书无心赘述城市规划，实际上，这个拥有 1500 个停车位、长 270m 的 5 层结构与物质和光息息相关。

圣殿街与乔治街街角近景

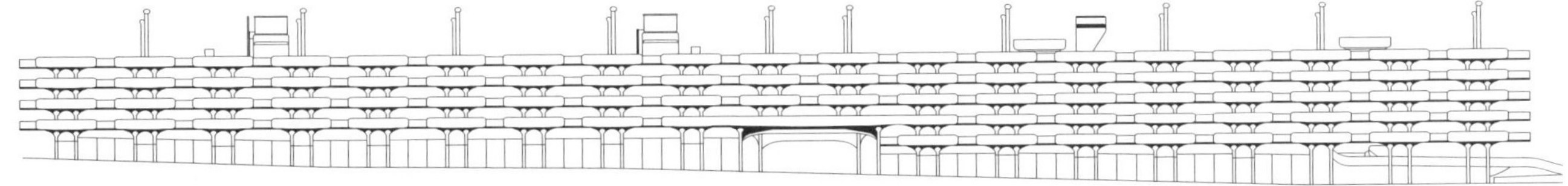

鲁道夫曾在 1961 年说道："大多停车库看起来都像是没有玻璃的办公楼。""我希望让'圣殿街'看起来像是属于机动车和车辆运动的……带大型无支架跨度……一种桥梁系统。"[33] 建筑采用了"间隔式韵律（ABABA）"进行规划。19 根成对布置的柱，间距 3m，以约 12m 的间距依次排成 3 排，支撑着错层式的 6 层结构；整个建筑共采用了 57 根成对柱。这一设计使得成对柱之间可停放一辆汽车，而相邻两排成对柱之间则可停放三辆汽车。停车场覆盖了两条街区，被乔治街一分为二，停车场深梁把上方柱的载荷转移到街道两旁三根一排的柱上。

建筑物的绝对长度为测量地形提供了一项数据，而建筑物立面则展露了圣殿街的平缓坡度。北端设有四个错层，但随着地形下降，乔治街以南的部分增设了一层停车夹层。建筑物下方，商店的拱廊构成了阿尔多·罗西（Aldo Rossi）眼中的"城市加工品"[34]——它创建了这样一个地方，引起了一种响应和一种空间元素，诱发了对城市肌理的亲近感，提供了与记忆和身体相关的林荫与庇护。

圣殿街的立面精准地描述了建筑物是如何构建的：19 个现浇混凝土悬臂结构通过短桥截面相连接，形成一座"高架桥"；各端部则通过设置 6m 悬臂解决；柱从立面嵌入。从外部看，这种设计呈现出拟人化的外观——柱为腿、板作下腹，再以腰部拱腋相连。柱头向四方拱起，支撑横向拱顶和整个拱肩护栏。光线洒

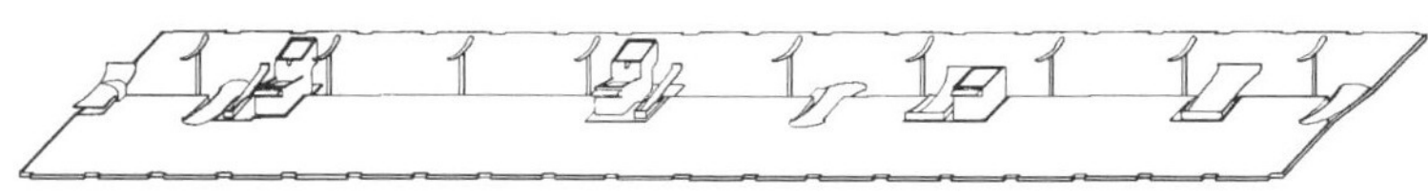

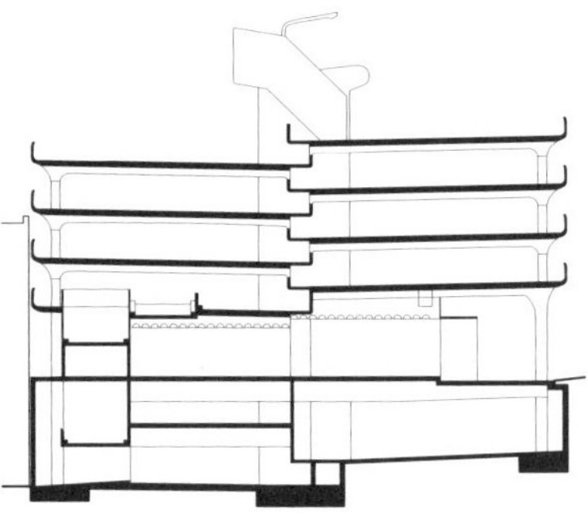

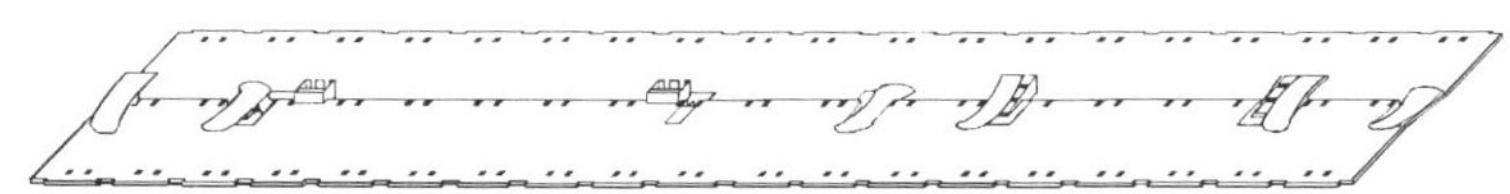

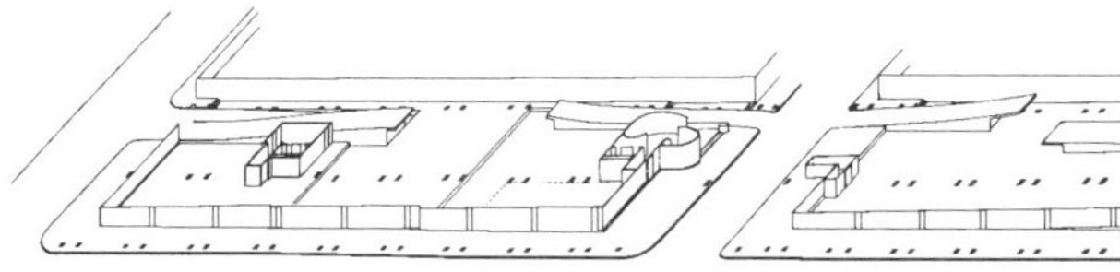

Park ↑ Out →

落在护栏的凸面混凝土形制上，进一步突显了建筑物的庞大。各层连续柱从下方楼板的阴影中显现出来；而在建筑内部，柱与板融合成一个整体的拱形空间。这是一个汽车的洞穴，各个拱顶中心的枝形吊灯状灯光照亮了整个洞穴。暖光投射在粉红色的模板纹饰面混凝土上，结合拱顶组成的围护墙，营造了一种亲密感，与建筑物的外在表现形成了鲜明的对比。

鲁道夫对于模板纹饰面混凝土的使用似乎表明了他对物质的高度重视。混凝土作为最适合土建工程项目和防火结构使用的材料，本次设计并不是对它的一种实际应用。从某种意义上来说，这一设计似乎为纽黑文市构思了一个“港口”，恰似康（Kahn）的设计对费城所产生的影响。现实可能是平淡无奇的，而交通更是如此。但正如其表现形式所展示的，这座建筑将超越其宗旨，实现城市的公民角色，塑造混凝土形制的 50mm 木材完整地表达了关于工艺的一种理念。这座建筑并不是机械加工、毫无瑕疵的，而是使用高精板层和钢模的成果，这反而证明了它是手工制品。[35] 因而，也只能凭借个人机遇、通过感官品质进行交流，建筑肌理和标志终将随着时间因风化而凸显出来。[36]

下图：屋顶模板纹饰面混凝土照明灯近景图

下图：拱腋近景图

1967 年英国盖茨黑德（Gateshead）三一广场（Trinity Square）；1966 年英国朴茨茅斯（Portsmouth）三角中心（Tricorn Centre）
欧文、勒德合作关系建筑事务所（Owen Luder Partnership）

夜店内部一隅

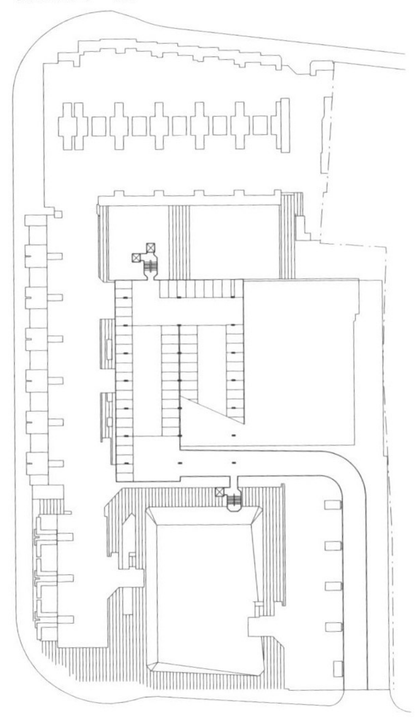

三一广场因 1971 年的电影《复仇威龙》（Get Carter）成为了永恒的经典，影片导演迈克·霍奇斯（Michael Hodges）是事务所当时一位合伙人——罗德尼·戈登（Rodney Gordon）的朋友。影片中，格伦达（Glenda）与卡特（Carter）开着白色敞篷 Sunbeam Alpine 系列跑车，朝着停车场顶层疾驰而上。片刻之后，卡特从其中一座楼梯塔上撞翻了开发商克利夫·布伦比（Cliff Brumby），致其死亡。这时，一位建筑师对另一位说了至今都声名狼藉的一句台词："我有个可怕的预感，这活我们拿不到钱了"——一场黑暗电影中的喜剧片段。

现实中的布伦比，也就是亚历克·科尔曼（Alec Coleman），曾在一块倾斜的场地上建造了一座可以远眺泰恩河（Tyne）的现代购物中心，在比赛中获胜。这块场地的所有者——当地政府希望这一设计能帮助盖茨黑德超越邻近的港市纽卡斯尔。购物中心共两层，53 间商铺，其中包括两个超级市场和一个百货商店，屹立于一条高架公路之上；上方设有保龄球馆。在该地建设办公场所或是豪华公寓并无市场，那么问题来了，该如何利用顶层场地呢？答案是停车场。英国的汽车所有权在 20 世纪 50 年代末期才真正被取消，所以新奇感将有助于发挥停车建筑的地标潜能。在塔楼顶层修建一家夜店，将会为综合体建筑带来全天 24 小时的生活体验。有趣的是，在白天，客流会自下而上的塞满整个停车场，而到了晚上，停车场则会自上而下地泊满车辆。这种设计理念在伯兹·波特莫斯·拉萨姆建筑事务所（Birds Portchmouth Russum）未建成的 Croydromia 项目（1993 年）中再次出现。不幸的是，政府向科尔曼租借停车场后，再也没能为夜店寻找到承租人，至今仍只留下一个空壳。

便道旨在转移运载车辆的重量，也就必须采用重型混凝土结构，这也是一种材料策略。在欧文和勒德看来，这样的策略可以为下方"露天市场式"的购

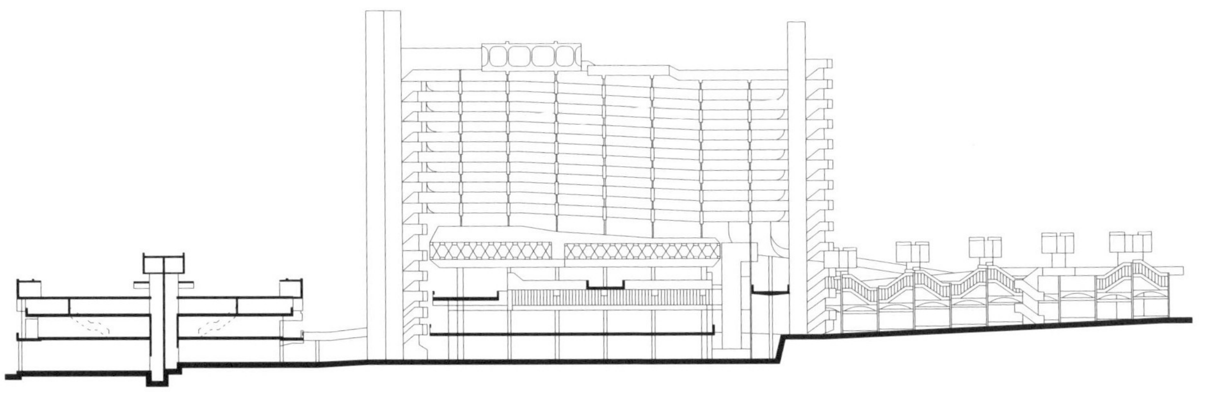

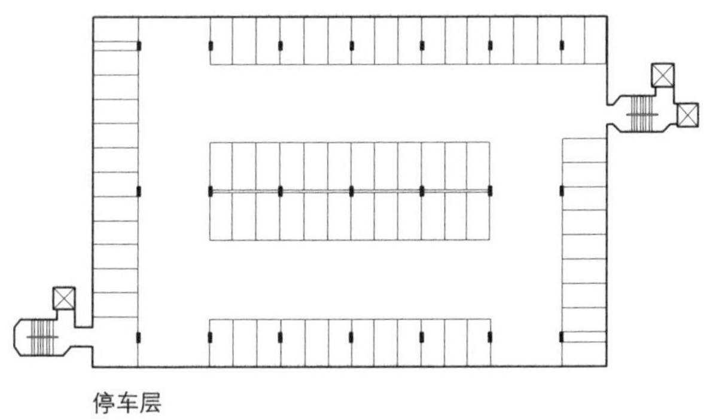

停车层

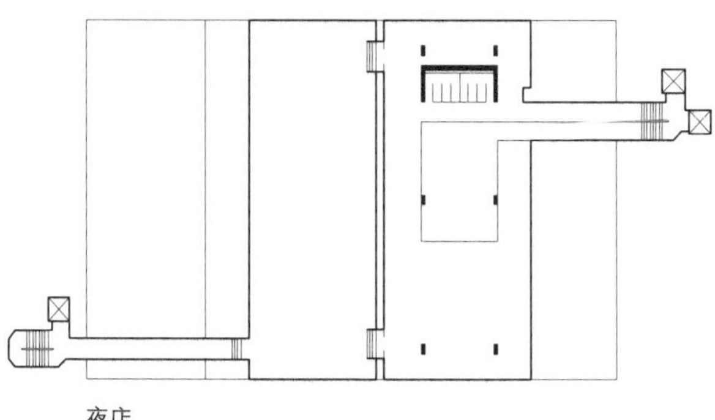

夜店

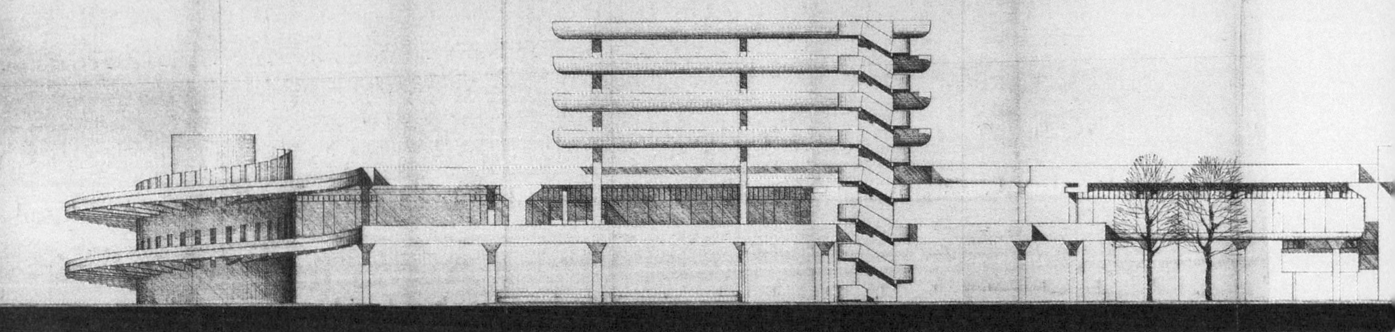
ELEVATION FROM
LOOP ROAD
PART I

NOTES
SCALE
DATE
DRAWN
230
charlotte st. portsmouth
OWEN LUDER ARCHITECTS
140 TACHBROOK STREET
LONDON S.W.1.

物中心提供高强度的框架。[37] 上方 300mm 厚的方格倾斜停车层采用石棉模板浇筑，整体现浇护栏采用模板纹表面。此外，护栏也做了削角处理，以缩小停车层尺寸。这个 7 层的停车塔属于连续坡道类停车建筑,设计容纳每转 73 辆车（共 490 辆），平面呈矩形、整体立面存在斜剖面、各端部设有平坦的“着陆”空间。

另一方面，三角中心是同一开发商与朴茨茅斯政府之间私下协商的结果。当时朴茨茅斯政府正面临取代批发市场，由此造成的损失将会导致大幅年度财政赤字。除了这一市场外，科尔曼还收购了大量其他土地。市场用地拟建一座 2900m² 的百货商店、一个超级市场、48 家商铺、两家酒吧、一处加油站、公寓、写字楼、一家餐厅和市场，以及可容纳 500 辆车的停车空间。同样，步行购物中心也将由一条高架便道服务。停车场分布在一系列六个一组相互连接的屋顶板中，可通过对立端的螺旋坡道（一条向上、一条向下）进入，便于卡车或货车驶入便道。与三一广场不同的是，屋顶上多出的 3 层停车层属于错层式结构。整体护栏同样采用模板纹饰面现浇混凝土,只是这次使用了曲线轮廓。在交通井、楼梯和升降机塔中,尤其是在四分之一球形穹顶处可以明显看到勒·柯布西耶（le Corbusier）与路易斯 · 塞特（Luis Sert）的设计痕迹。

三一广场和三角中心的设计都可以在厄洛斯小屋（Eros House）（1959~1962 年）中找到根源，该建筑位于伦敦南部的卡特福德（Catford），同样出自欧文与勒德合伙人建筑事务所之手。建筑中的单层停车“空间”将下层的商场与上层的写字楼隔离开来。此设计方案展现了建筑结构与使用用途，并利用形式表现弥补了施工质量中存在的所有缺陷，如此设计也可以使开发商的利益最大化。戈登（参见其 2002 年关于 20 世纪 60 年代合伙关系的文章）与勒德两人均高度强调投机建筑建设中的商业现实。虽然勒 · 柯布西耶风靡一时的粗制混凝土饰面为施工表达提供了一种媒介，但同时给予执行过程一定的自主权。[38]

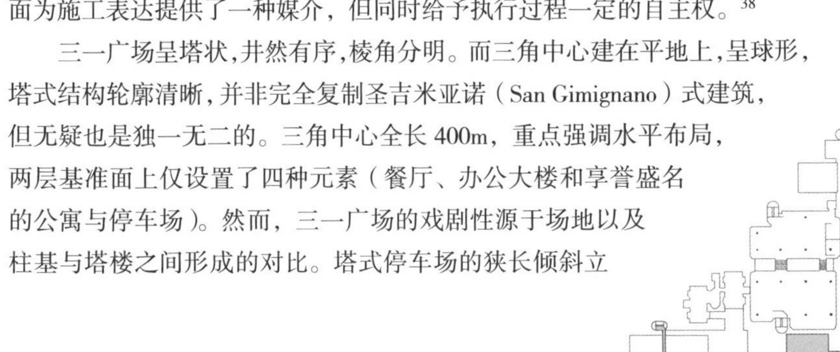

三一广场呈塔状,井然有序,棱角分明。而三角中心建在平地上,呈球形,塔式结构轮廓清晰,并非完全复制圣吉米亚诺（San Gimignano）式建筑,但无疑也是独一无二的。三角中心全长 400m，重点强调水平布局，两层基准面上仅设置了四种元素（餐厅、办公大楼和享誉盛名的公寓与停车场）。然而，三一广场的戏剧性源于场地以及柱基与塔楼之间形成的对比。塔式停车场的狭长倾斜立

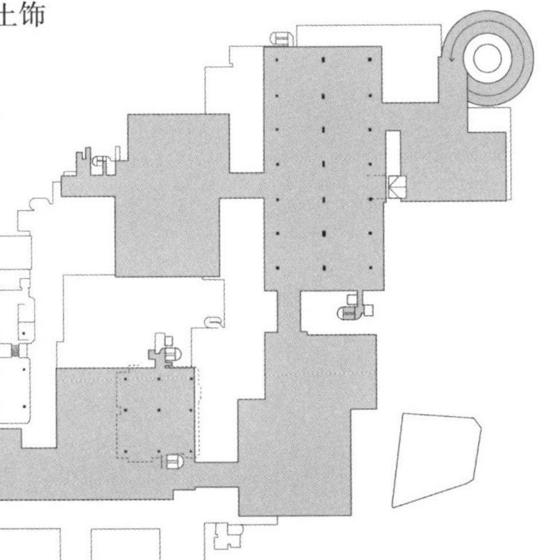

面体现了三一广场的流动性，一种在有些摇摇欲坠的夜店和屋顶平台中登峰造极的动态感。三角中心属于古堡式建筑，以混凝土梁状物为标志物（联想尖塔和钟楼），沿着狭窄的通道设有许多远景景观。由三角中心衍生了其他的历史形式，就建筑师和城镇地景运动的创始人戈登·卡伦（Gordon Cullen）看来，这些形式让整体建筑景观更加合理。三一广场呈现出均质感，三角中心呈现出多样性，两者均属于硬性建筑，与沃伦·乔克（Warren Chalk）的海沃美术馆（Hayward Gallery）和与他同时期的罗恩·赫伦（Ron Herron）为伦敦南岸大学设计的伊丽莎白女王大厅类似，依赖人类生活及其创造的附属品（报摊、店面和引导标识）而存在。三角中心如今已被拆毁，三一广场也面临被拆的风险。后者的偶像级地位很大程度上得益于电影《复仇威龙》的影响，而且得以在如此显著的地理位置上幸存下来也是其中的一个原因，因为三一广场位于山丘之上，下方便是诺曼·福斯特（Norman Foster）设计的圣盖茨黑德音乐中心（Sage Gateshead）（2000~2004 年）和艾利斯·威廉姆斯建筑设计事务所（Ellis Williams Architects）设计的波罗的海当代艺术中心（Baltic Centre for Contemporary Art）（2001 年）。

虽然欧文与勒德合伙人建筑事务所作品繁多，但是几乎同时开工的三一广场和三角中心却称得上是该事务所众多项目中的巅峰之作。虽然包括停车场在内的多功能设计方案一点也不罕见，但这两座建筑均在追求工整秩序以及汽车带来的动态感方面不遗余力。这两个案例中的停车场设计最为突出，高高地矗立在城市上空。拆毁前几年，三角中心就已经废弃不用了，近代残迹与希特勒的法国海岸防御工事极为相似：市中心的大西洋壁垒与正统的都市风景格格不入，或许永远不可能成为趋之若鹜之地。在晴朗湛蓝天空的衬托之下，它显得黯淡无光，但是给人神奇之感。

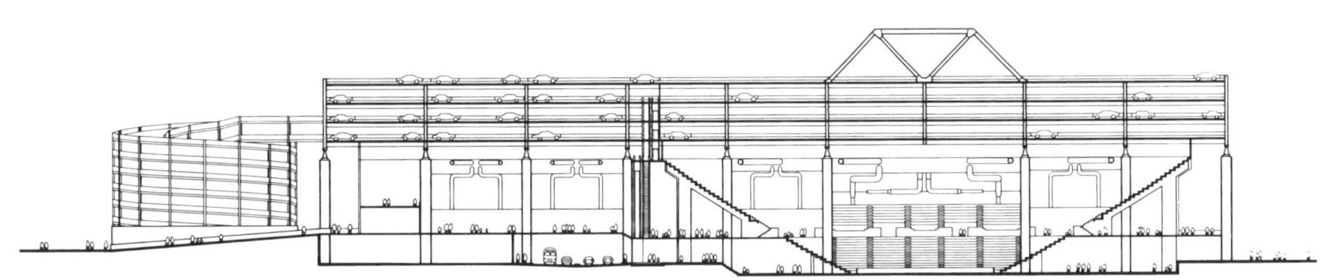

罗奇·丁克洛事务所（Roche Dinkeloo & Associates）
1972 年纽黑文市退伍老兵纪念体育馆（Veterans Memorial Coliseum）

罗奇·丁克洛（Roche Dinkeloo）设计的巨型退伍老兵纪念体育馆设有 3 层钢架结构，地上部分共 7 层。从建成到拆迁，33 年间为纽黑文绘制出一道优美的天际线。其于 2005 年开始拆迁。场地下部修建了展览厅和地面零售店（两者均未竣工），以及能容纳 9000~11500 人的竞技场，可进行曲棍球、篮球或拳击比赛。要了解这座极端的建筑物就要身临其境。该体育馆占地 3.44hm^2，如果不设置竞技场、展览厅、商铺或是绿化空间，停车场区域只能设置 1300 个停车位，不过是所需的 2400 个停车位的一半多一点。如此设计不仅不“合适”，而且购物中心、电影院和体育馆带动的大片柏油马路和大量汽车（美国尤甚）也会毁掉这个设计方案。

屋顶停车场并不是前所未闻。例如维克多·格鲁恩（Victor Gruen）设计的洛杉矶米莉蓉商店（Milliron's store）（1948 年）和亚瑟·林（Arthur Ling）的考文垂市中心购物设计方案（1958 年），都采用了屋顶停车场。与本案例明显的区别就是体育馆的屋顶上未设停车空间。相反，建筑师设想了一个 171m × 110m 高出地面 21m 的“桌子”，桌面由 4 层钢板组成，每层钢板能容纳 600 辆车，悬于十个 10m 深、109m 长横跨桌子短边的钢桁架之间，桌子边依次由 20 个瓦片包层的混凝土支柱支撑。每个桁架横跨 6m 宽的支柱或桌腿，跨距 59m，并且各端几近悬挑 20m。中心跨距分为 6 个结构开间，悬臂被分成两个，全部采用斜支柱框架。两对半六角形桁架覆盖整个竞技场，支撑第四主桁架上弦杆，将受力转移到两个相邻桁架及其支柱上，减少对支柱的依赖性。

对于在竞技场上方设置停车设施的做法，建筑师解释道“车库不仅为建筑综合体提供了庇护，也方便行人从地面进入停车场或零售空间”。[39] 但为实现此设计，罗奇·丁克洛事务所对公共建筑采取了引人注目的举措，他们选择降低

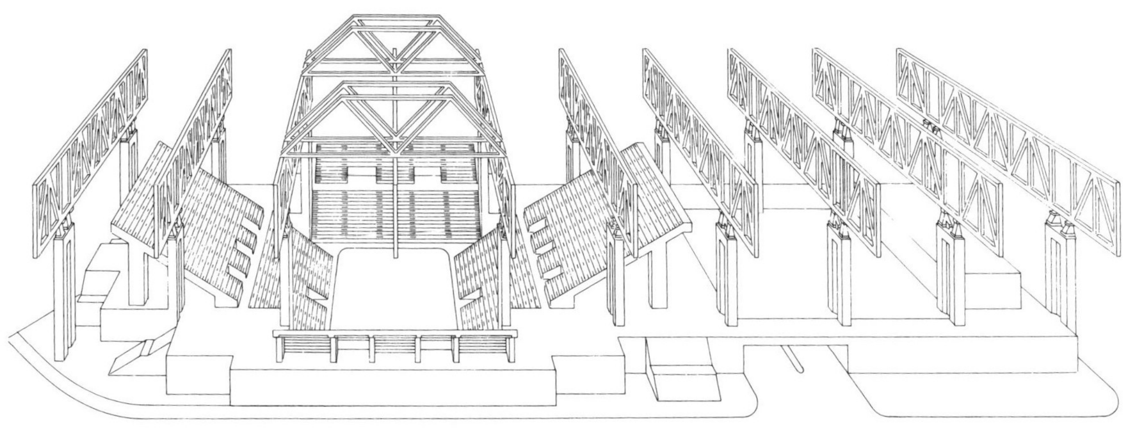

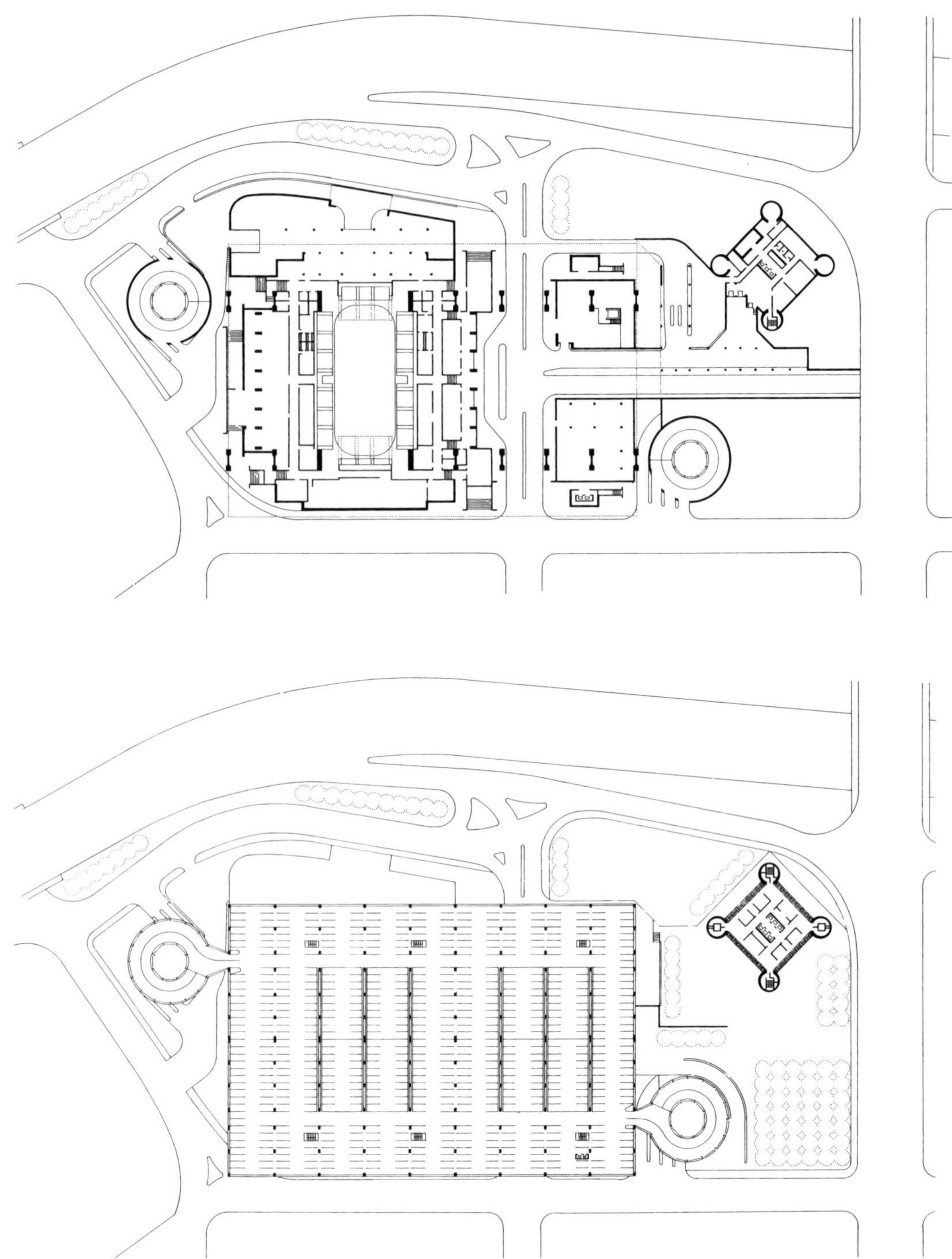

竞技场和展览空间的地位，使多层停车场成为建筑的主要表达元素。每层停车场划分为 9 个结构开间（19m × 110m），正常情况下可以容纳 76 辆车。但是其中 6 个停车位被楼梯间占用，一个被升降间占用，其余 77 个用作纵向车道和两个螺旋坡道通路。因此该设计中的汽车模块（停车位）、结构构件与平面完全契合，而地面上受场地所限，这种设计通常难以实现。当司机沿螺旋坡道开至第一层停车场后，可以经由两个斜面前往另外 3 层停车场，其实斜面本身也可算是一个“停放”于此的坡道。

最终设计方案中，实际面积几乎是场地的三倍。1.9 公顷的场地中，每层停车板的面积相当于一个三个足球场地，长、宽几乎是场地的两倍。泊车建筑固有的空间压缩感在该体育馆中展现了一种终极形式。板间层高约 3m，不到板宽的 1/36、板长的 1/57，从这些缝隙中间望去，外面的世界如同明亮的地平线。虽然这幢奇特的建筑存在时间不长，但吸引着驾驶员穿行 21m 多长的七、八条环形螺旋坡道来到压抑的停车空间，领略该高位呈现出的令人震撼的地平线。

钢架结构对于该项目的贡献不容小觑。只有深桁架配合相应的设计精良的剖面才能使桌子的长跨设计成为可能，剖面形成一个简洁、牢固、均质的图形，图形中的水平、竖向和斜向线条厚度不一。建筑下方采用形式多样的砌砖结构，建成竞技场、展览区和商铺。建筑师使用柯尔顿钢（Corten）修建停车平台和桁架。柯尔顿钢是一种耐腐蚀钢，独特之处在于利用其自身氧化形成的锈层保护内部钢芯。钢材的色调进一步加重了建筑内部的阴暗感，表面涂层可以达到防止立面进一步风化的作用。在这座建筑将要被拆除时，有幸拜访了这个巨大的钢结构建筑，亲眼看到其砌砖基础沦为碎石，发现此种选材只是为其早逝的命运平添了一缕心酸。

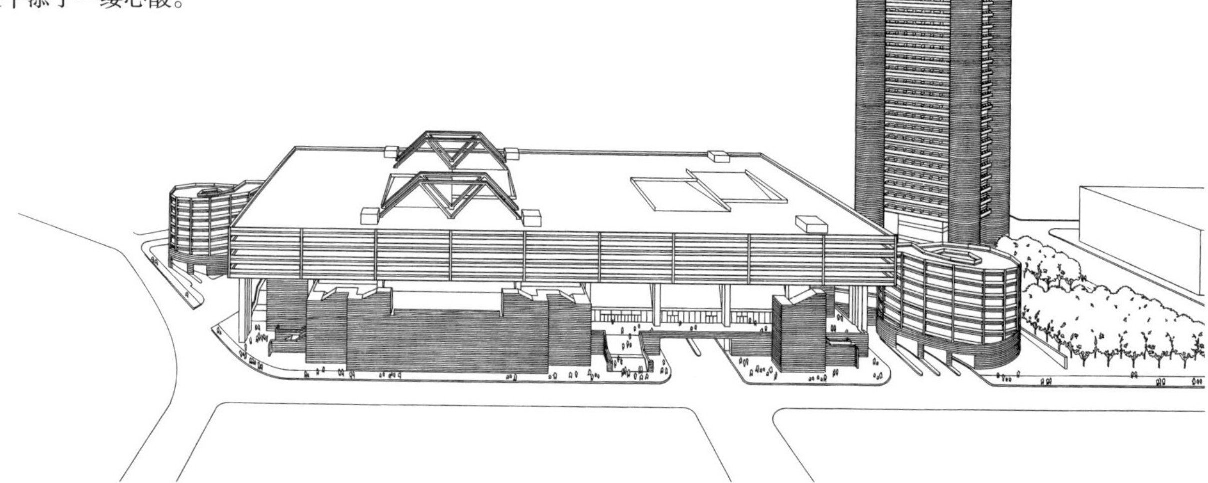

MACY'S

如今，这座体育场留下的建筑语言在临近的哥伦布骑士会大厦（Knights of Columbus）办公大楼（1968~1970 年）身上得以延续。此建筑为 23 层塔式结构，由 4 座直径 9.1m 的混凝土堡垒支撑，外砌砖瓦，0.9m 深的钢托梁横跨壁垒，跨距为 22m。似乎是为了永久怀念体育馆多层停车场，该办公楼层视野开阔无阻，这样的结构设计也可以欣赏到地平线景观。埃罗·沙里宁（Eero Saarinen）1961 年逝世后，凯文·洛奇（Kevin Roche）和约翰·丁克洛（John Dinkeloo）成为沙里宁工作室的继任者。从最初的沙里宁，到之后的洛奇和丁克洛，他们作品中的极端特性在体育场多层停车场的规模、精巧与“极具戏剧性”的结构设计方面展现无遗。

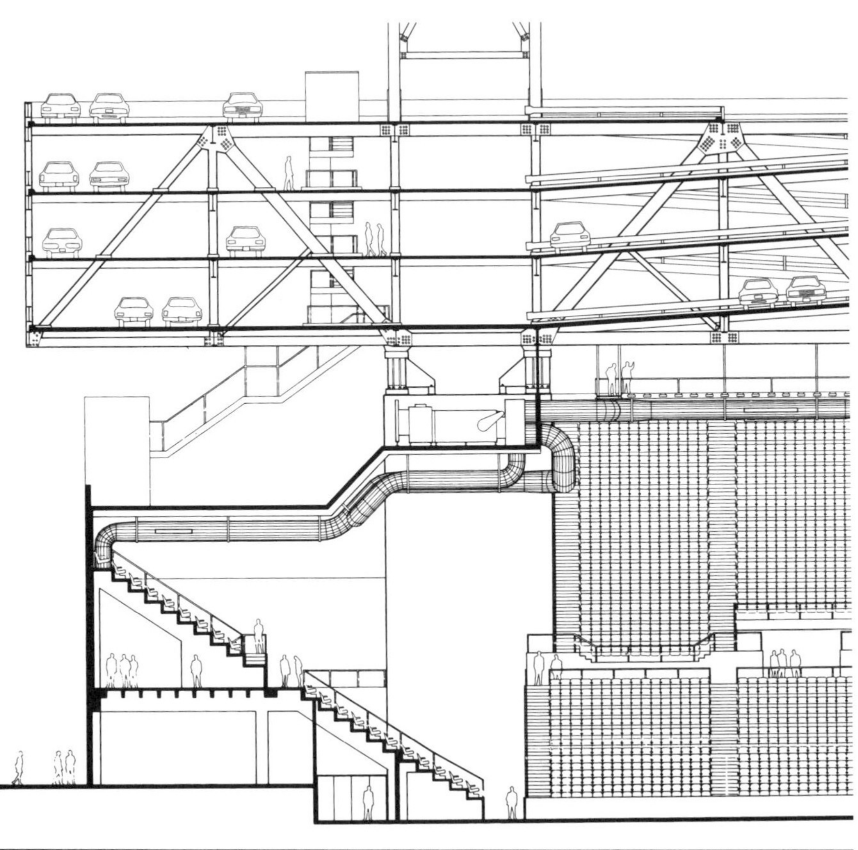

斯特林－威尔福德建筑事务所（Stirling Wilford & Associate）与瓦尔特·内格里（Walter Nageli）
1986~1992 年德国梅尔松根（Melsungen）贝朗（Braun）总部

梅尔松根是座中世纪市镇，坐落于距卡塞尔（Kassel）约 30 公里的山谷处，彩绘木制框架建筑沿其历史街区一字排开。尤利乌斯·威廉·贝朗（Julius Wilhelm Braun）于 1839 年接手该镇的一家玫瑰药房（Rosen-Apotheke），贝朗医疗现已发展成为一家全球化的企业，影响力遍布全球。

斯特林（Stirling）与威尔福德（Wilford）设计的贝朗股份公司总部正位于梅尔松根外的空旷场地，南部的悬崖与北部的海峡在此形成平缓的溪谷。建筑师们曾设想在此建立一个工业宇宙，以此"纪念罗马坎帕尼亚大区（Campagna）的人造景观：高架桥、桥梁、运河和路堤"。[40] 其中的动因不言而喻。该山谷被 200m 长的混凝土墙一分为二，由一座几乎横贯整个场地的木质高架桥连接，将行政办公室、实验室、仓库、调度和餐厅连接起来。总体规划涉及密闭（完整）元素和开放（完整）元素，旨在描画出贝朗发展与活动的框架，清晰描绘出景观尺寸和本质。考虑到未来扩建的可能性，部分建筑物的功能和位置受到极大影响，这些建筑物通过高架桥和一个庞大的封闭式通道层结构网相互连接。建筑师表示，总体效果既体现了灵感的迸发，又体现了实用的功能。

墙面和高架桥既为场地增添了秩序感和基础设施，同时又与朴素的 5 层钢架结构的泊车建筑相呼应。虽然身为"剖面"建筑，但其设计既不依赖于视觉抽象化，也不追求平面、剖面、材料或立面上的精雕细琢。相反，这个项目的不寻常之处却在于与地面、墙面和高架桥的衔接手法上，还有从不完整中应运而生的美感。总体规划将这段驾车与步行的短暂旅途打造成了一次不断邂逅之旅，成为员工与访客的共同体验（员工在停车场中拥有专用停车位，而开放式的顶层停车场是专为访客预留的）。

场地入口位于平分墙以西；从入口到停车场要穿过一片理想化景观。道路沿环绕湖泊的蜿蜒运河而设，随后转入一条通向高架桥尽头的小径。当驾驶员穿过厚重的混凝土墙口时，风景突变，开放式的总体规划给人以景观元素无限延伸的感觉，严谨的景观立刻变得不羁起来，工业建筑物随处可见。前景处，墙壁塑造出敷铜电脑中心和一对混凝土筒仓，以此作为进出停车场的上下坡道。内部各层均设有现浇混凝土螺旋坡道，悬挑于无窗立面之外，形成明显失重的结构形式，坡道就在上方圆孔洒下的顶光中盘旋向上。坡道上设有精致的栏杆和密密麻麻的柱子、肋形楼板梁，每次旋转之后，坡道就升到更高一层。

下一个邂逅点位于停车场步行出口处。混凝土桥和楼梯横跨在停车场和墙面之间的峡谷上，棱角分明，色彩鲜艳，呈现了离别、穿越峡谷到达墙边的戏剧性。

之后行人穿过一道门来到楼梯间，楼梯间由七段贯穿整个奇特的埃及结构剖面的楼梯组成，将高架桥平面与 5 层停车场连接起来。

考虑到高架桥和墙壁长度以及连接仓库和停车站的封闭层的位置，600 个车位的停车场面积大约只有最终设计的一半。停车场南面平分墙后方，有块近 100m 长的无人地带，地上草坪修剪粗糙，平分墙在此处被嵌有波纹金属板的斜开口隔断。这些开口标注了拟装门的位置，将桥梁与扩建的停车场连接起来。泊车建筑本身采用钢结构框架，由大型斜钢支柱支撑 5 层停车场。每层停车场犹如一本反扣着摊开的书，沿书脊展开，展开的两页向开口倾斜（东侧和西侧）。从剖面来看，多层停车场好似叠加的正向 V 型。从外部结构来看，较长的东立面被分成 14 个结构开间；每个开间中，雨水落水管、两条较短的排水沟和每层的 V 型连接段似乎都是建筑结构及其钢支柱的重现。最后从立面来看，70 根倾斜的混凝土护栏构成了整体立面。立面后的汽车如同饲槽边的农场动物，排成一排，停在各个护栏处。

以前的论文和文章常常关注建筑物本身，大都对贝朗总部停车场的戏剧性视而不见。实际上这是一座设计复杂的泊车建筑，其美感源于与场地间的独特关联，融合了“场地 – 物质”与“建筑物 – 物质”，其愉悦感源于汽车和人们穿梭于各个剖面之间的设计，比如光感和特定情况下提供的亲密邂逅契机。

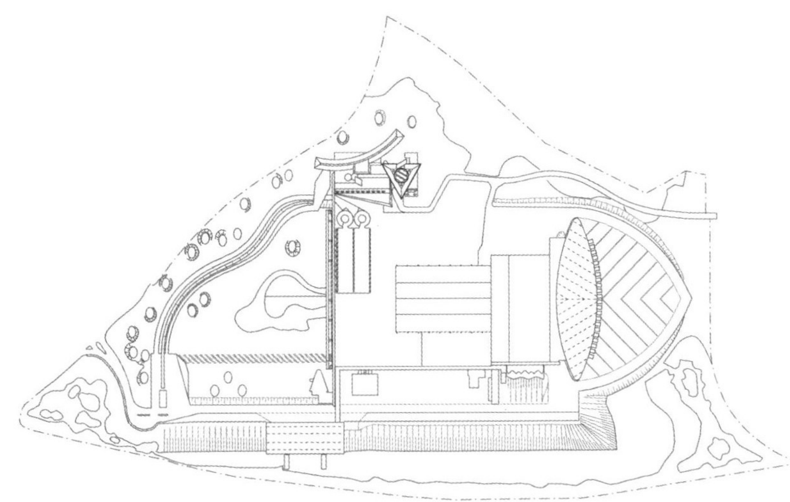

扎哈·哈迪德建筑事务所（Zaha Hadid Architects）
1998~2001 年法国斯特拉斯堡霍恩海姆－北（Hoenheim-Nord）总站及停车场

运用黑白线条，位于霍恩海姆北部的停车场不像是一座建筑，更像是陈列在法国斯特拉斯堡（Strasbourg）郊区新建有轨电车路线北部柏油路上的一块倾斜画布。身为艺术家与建筑师的扎哈·哈迪德（Zaha Hadid）必然会挑战传统的停车场设计，因此这座泊车建筑最终呈现出的外观便是没有坡道、没有构筑物、没有需要遵从的防火条例及通风规定，也没有需要设计的立面。

哈迪德把这种概念描述为一个“行驶场”，其中的“运动的图案‘是’由汽车、有轨电车、自行车和行人产生的”，各个元素都有各自的“轨道、轨迹和静态的固定位”。她解释道，这就像是“交通方式之间的转换……成为车站、景观和氛围的材料与空间的转换”。[41] 驻车换乘方案包括可容纳 700 个车位的停车场和有轨电车车站设计，停车场向有轨电车车站倾斜，以便与计划紧邻场地北侧修建的车站衔接起来。

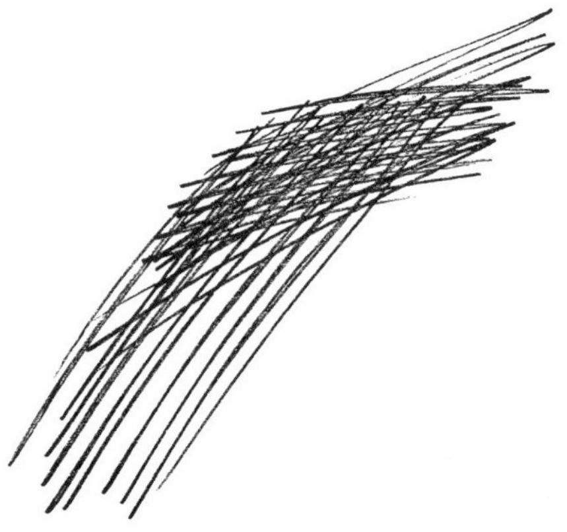

为了呈现出场地的几何特性，哈迪德依照惯例采用了单调的表现方式（用线条表示出停车位和灯杆位置）来合成一块“磁场”。平行的白色线条约 10m 长，设计成 14 个停车带，划定两辆车首尾相连的停车空间。一条公路和环形交叉路口将停车带隔断，公路北侧设有 7 条停车带，余下 7 条位于南侧。在场地南端，停车带线条由北向南分布，垂直于电车行车道。而北部 7 条停车带的几何形状受到公路影响，需重新定向。连续停车带中的线条逐渐扭转角度，正面相接的停车布局变成梯形，由场地南端 28 条停车线（27 排停车位）、北边 25 条停车线（24 排停车位）组成。

因此，该停车场实际上分为两部分。设计的人造地势将两种地形相叠加，

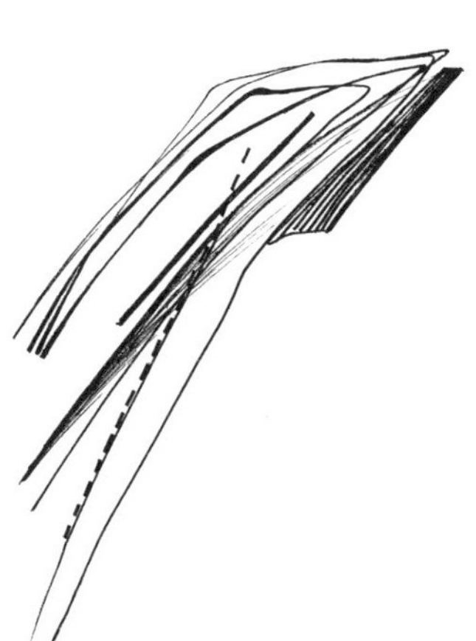

停车场形成了一个缓和的凹面，公路在凹面的低点处将场地一分为二，借由由西向东的倾斜修正地势。由此形成的繁复几何结构在西北和西南转角形成高点，在有轨电车总站西南方东缘的隔断公路南北端形成低点，此处的柏油路面直接切入地面。然而根据设计方案，沿南部、西部边缘设置了护堤，如果不考虑现有轨道护堤，原本也计划在北缘设护堤。每间隔四个停车位设有一个竖向灯杆，杆顶处于同一基准面，可借助灯杆高度和相对于地面的斜度估算此处地表高度和斜度。最终形成巨型连绵曲折的白色标志横贯有轨电车总站屋顶及停车场柱子形成的几何结构的形态。

Hoenheim-Nord 停车场简单直观，为传统的停车场带来了动感的几何结构。和美国 SITE 建筑事务所早期为美国康涅狄格州（Connecticut）哈姆登广场购物中心（Hamden Plaza Shopping Centre）设计的“幽灵停车场（Ghost Parking Lot）”（1978 年）的设计理念类似，通过将汽车埋入柏油路下的停车场，哈迪德借此传达了一种直接鲜明的观点，即表面几何结构是由汽车模块决定的。

2 立面

秩序、建构与表达

CAR PARK
CAR PARK
CAR PARK
CAR PARK
PEDESTRIANS
AVOID WALKING
UNDER BARRIER

AMF BOWLING

FIRE
EXIT
8
PARKING &
EXIT THIS
WAY ONLY
8

立面

为什么停车建筑的立面很重要？很多原因现如今或许已经变得熟悉，停车场立面与传统建筑立面在功能上区别很大，这也赋予设计者一定程度上的自由。立面也传达了建筑物的秩序和空间结构逻辑，否则空间内部将很难辨认。那么该如何解释停车场的立面呢？冷酷的战后建筑，带着它们那由现浇或预制混凝土锻造而成的几何图形外立面，在发达国家的每一个省会城市中都给人一种不协调的感觉。这些极为简化的立面展示了它们剖面，作为建筑物的立面。然而，事情并非总是如此。

1945 年以前，多层停车场仍是个未知数。人们对停车建筑的立面要求似乎与其他建筑也没有什么不同。火灾的风险，或是不良通风造成一氧化碳浓度过高的危险也鲜有人知。由于当时涂料技术尚未得到开发，人们还不知晓汽车像人类一样，也需要保暖和干燥的环境。罗伯特·马莱·史蒂文斯（Robert Mallet-Stevens）于 1928 年在巴黎使用了立面，Wallis Gilbert & Partners 建筑事务所于 1931 年设计的伦敦布鲁姆斯伯里（Bloomsbury）戴姆勒租车库（Daimler Car Hire Garage）也采用了立面中的墙和窗。但随着新兴大众市场出现了中低收入的司机，“自助停车”取代了侍者服务类停车，立面也随之改变。每个停车场所的收益有所下降，方便快捷、经济实惠的停车场变得更具竞争力。工程造价开始缩减，关于通风和防火的规范也相继出台，于是墙和窗被摒弃了。

1954 年亚特兰大停车库，设计者埃克合作建筑事务所设计

当多层停车场在 20 世纪 50 年代末开始增多时，立面也变得重要起来。空气可以穿越建筑，带走废气，更重要的是，在火灾发生时可以排烟。护栏取代了墙，来防止经验不足的司机行离停车台。例如，罗伯特·劳·威德（Robert Law Weed）设计的迈阿密停车场结构，可以明显看到多层停车场的简易框架性质；埃克合作建筑事务所（Aeck Associates）设计的位于亚特兰大的停车库也能看出这一性质，连锁错层式混凝土停车台使汽车后备厢与发动机罩可以上下相互吻合。建筑和机械在柱与悬臂板的单一设计中相结合，强调了停车场的实用性和功效性。这种结构类型变化极为多样，均采用抽象模式进行设计，在几何图形排列中使用大量基本元素。

20 世纪 50 年代早期芝加哥拟建的十大停车建筑之一的停车设施 1 号（Parking Facility No 1），由肖、梅兹与多里奥建筑设计公司（Shaw, Metz & Dolio）设计，或许算是带有厚重水平线（停车台）和精致竖直线（缆索）图案的最纯粹的图形建筑了。多层停车场现如今可被视为是赤裸的骨架结构，由柱、板和护栏组成，以黑暗的电梯厅规模或是坡道的几何结构为特征，以客梯和楼梯为特点。或许停车设施 1 号修长的立面仅仅适合修建在 20 世纪 70 年代弗兰克·盖里（Frank Gehry）的圣塔莫尼卡停车场。人们通常都是这么描述这座建筑的：是个多余的建筑物，基本上算是未建完的建筑物，仅仅使用最基本的结构材料，立面上较少使用或不使用开窗设计，无任何装饰。立面的图案和内部的板、坡几何图形成了建筑设计的重点。

20 世纪 50、60 年代，占主导地位的立面图案采用了水平带或是水平层的设计手法，其中，地面和护栏统一体现在单一的元素中，贯穿整个建筑物。这种设计采用现浇或是预制拱肩镶板，通常带有装饰性混凝土，用于加固无遮挡楼板的悬臂式边缘。镶板通常简化成一个简单的正交形状。这种类型的建筑在美国和欧洲的城市中最为常见，并且在下面两个案例中发挥到了极致。一是杰利内克·卡尔（Jelinek-Karl）设计的英国布里斯托尔市的鲁珀特街（Rupert Street）停车场（1960 年），另一个是格伦费尔·贝恩与斯哈格瑞夫建筑事务所（Grenfell Baines & Hargreave）设计的英国普勒斯顿（Preston）公交车站（1965~1969 年）。立面转变为由灯光（护栏）和暗带（开放式楼层）绘制而成的表面，这种理念是密斯·凡德罗（Mies van der Rohe）于 1923 年在他的“混凝土办公大楼项目”的设计中构想出来的。[42] 随着连续混凝土拱肩镶板结构的频繁使用，这种建筑很容易被误认为是战后钢筋混凝土停车楼，而不是由各层光芒构成的新型立面的停车建筑。这种立面图案的设计也曾出现在历史建筑中，例如印度的佛教石窟寺，修建于遥远的 17、18 世纪，位于马哈拉施特拉邦（Maharashtra）埃洛拉村（Ellora）。

7~8 世纪印度马哈拉施特拉邦埃洛拉村的佛教石窟寺

香港天星小轮码头（Star Ferry Concourse）停车场（1957 年）由菲奇（Fitch）与菲利普（Phillips）设计，采用循环矩形凹陷蜂窝状立面[43]，与位于德国杜塞尔多夫（Dusseldorf）的考夫霍夫（Kaufhof）百货公司类似，德国 GMP 建筑师事务所（冯格康，玛格及合伙人建筑师事务所，Von Gerkan，Marg & Partner）在他们设计的地区邮政局（1984~1986 年）中也用到了这种设计理念，该项目位于德国不伦瑞克（Braunschweig），采用了白色方形混凝土结构；同样，laN+ 建筑事务所的罗马诺沃萨拉里奥车站（Stazione Nuovo Salario）也采用了这种设计理念。然而，laN+ 建筑事务所设计的超大型的蜂窝状立面在某种程度上更像是效仿了迈克尔·布兰皮德（Michael Blampied）在德本汉姆（Debenhams）停车场（1970 年）的设计中使用的建构技巧，那个项目位于伦敦西区维尔贝克街（Welbeck Street），采用了预制混凝土箭状框架，形成了斜肋构架立面结构。这里让人联想到马塞尔·布鲁尔（Marcel Breuer）和戈登·邦夏（Gordon Bunshaft）对于这种几何图形立面的设计手法，他们把与埃舍尔（Escher，荷兰版画大师）类似的制作图案的兴趣与庞大的结构秩序相结合。

盖里的 6 层“南部停车楼”（1973~1980 年）结束了沉重立面的时代，此停车楼矗立在美国圣塔莫尼卡（Santa Monica）主街的北端，使用蓝色钢丝网护栏拼写成购物中心的名字，每个白色钢丝网的字母都几乎有 3 层楼高，并且圣塔莫尼卡广场（Santa Monica Place）三个单词延伸了近 100m，贯穿整个立面。材料本身选用紧拉的金属杆，上下牢固回扣在结构中。近距离观察细密纹理的材料，表面变得非常密集，与在远处观察的效果完全不一样，同时文字也“简洁

1973~1980 年圣塔莫尼卡广场，设计者弗兰克·盖里

1973~1980 年圣塔莫尼卡广场，设计者弗兰克·盖里

美国盐湖城 ZCMI 购物中心停车库，设计者 L·G·法兰特

////////////////// 见 132~137 页案例分析

明了，清晰易懂”。[44] 从远处几乎看不到钢丝网的存在；整个建筑像是被一层面纱罩住，可以看到面纱后的停车楼和汽车。1972 年，建筑师罗伯特·文丘里（Robert Venturi）、丹尼丝·斯科特·布朗（Denise Scott Brown）和史蒂文·艾泽努尔（Steven Izenour）在他们的著作《向拉斯韦加斯学习》中所观察到的一种建筑式样，随后在消防站四号（1965 年）和足球名人堂（Football Hall of Fame）（1967 年）的竞赛设计中加以尝试，他们把立面处理为一个大广告牌。而这一切，盖里都做到了。与驶进的司机进行纯粹的交流 [45]，他解释道，“这种处理方式提供了一种独特的、令人难忘的图像，任何速度下都能进行阅读”。[46]

在进行设计或是图案制作中，盖里已经证明建筑物正面设计或许可以简化为一个关于材料的概念，一个关于形状、模块、规模、连接、色彩和色调的概念。不需要很舒适。设计者不受限于解决诸如冷桥或隔热等的问题。立面要求（结构）材料经济适用，这也呼应了等间距停放的汽车，解决了人们对于日光、空气（即开口），以及类似的，周边防护的均匀分布的需求。平面图案的构建再次在立面设计中流行起来。立面因其功能性大多呈现出均匀布局，只有当设计者有意为之时才做出改变。在没有顾虑和限制极少的情况下，设计者在建筑创作中处于一个令人羡慕的位置，不受限于设计中的组织和秩序的教条。这种设计方式引出的抽象潜能是独特的。

然而，在布局均匀的立面设计中也有一些值得关注的例外。设计类型属于注重坡道（而不是斜板），例如格鲁恩（Victor Gruen）设计的米莉蓉商店（Milliron's store）（1948 年），位于美国洛杉矶，采用了剪刀型坡道，凸显出立面的动感。梅尔尼科夫（Melnikov）也在设计中做出了转变，未被建成的停车场（1925 年）计划容纳 1000 辆车辆，采用了另一种均匀设计手法，立方式的建筑在立面中央设有一块钟表，在其前方的下行车辆必须要穿过一条坡道。另一个例外体现在梯形停车场的表现潜能上。美国盐湖城（Salt Lake City）ZCMI 购物中心（Zions Cooperative Mercantile Institution），L·G·法兰特（L.G.Farrant）利用一种钢罩作为重复元素，用于标记各个梯形停车处的停车线。每辆车被最终形成的锯齿状立面包围。但随着 Cabinet Genard 在法国图卢兹（Toulouse）维克多·雨果广场（Place Victor Hugo）设计的公交车站和停车场（1958~1959 年）的出现，平面图被切分为两等份，一部分为行车道，另一部分为梯形停车场。这种表达形式首先呈现出光滑的白色混凝土拱肩，之后切换到平面为锯齿状的拱肩。在各个连续层中，这种图形在平面中央部分进行重叠，之后向相反的方向发展。

后现代主义遏制了抽象设计的发展；一夜之间，设计技巧就改变了表现手法。隐藏式处理又占据了主导地位；停车场奇怪的外观被人们所嘲笑，停车设计也不得不做出改变。各种各样带有华美形式和外观的建筑，有些看起来很有趣，有些则是历史建筑的复制品，此类上层结构的设计也被禁止了。从此，失败的建筑物比比皆是。但难得的是，这期间也出现了两个例外，一是泰克曼·法格曼·麦柯里（Tigerrnan Fugman McCurry）设计的停车建筑。此建筑位于芝加哥，采用12层楼、二维空间组合的形式进行设计，像是一辆变形的战前敞篷车的复制品，参考了其水箱护栅的设计风格。传统的建筑表现形式依赖于“变形和夸张的衔接”，[47]比如说建筑物内部的连续面层和梯形停车场的设计。在此次设计中，建筑师并没有遵循这种设计原则，而是重新创建了一个“装饰棚”。[48]另一个例子是沙特尔街（Avenue de Chartres）停车场（1991年）。此停车场由伯兹·波特莫斯·拉萨姆建筑事务所（Birds Portchmouth Russum）设计，位于英国奇切斯特（Chichester），通过扩建城墙，隐藏新建停车楼，重塑了这座小城市的三维立体感。

////////////////// 见166~169页案例分析

////////////////////////// 见110~111页

如今，停车建筑的缔造者已经再次发现了立面的艺术。新一代设计精良的建筑物正逐渐显露，利用其独特简单的建筑类型追求材料使用和墙面雕刻的极致发挥。例如，德国HPP建筑事务所（Hentrich–Petschnigg & Partner）为莱比锡动物园（Zoo Leipzig）停车场设计的竹木包层结构。他们决定使用竹子似乎暗示了两点，这两点也都展现了竹子的天然状态：一是广度，动物饲养的伦理维度；另一个是更直接的对比，使用非常规材料作为背景，进行车辆布局，但作为动物园里的停车场又显得十分和谐。此时的停车建筑，偶尔会使用混凝土，但更多的是使用木材、金属、铸玻璃和聚碳酸酯。经过精心设计，放置在剖面中或者干脆就用作建筑物的外表皮。这种形式的设计更倾向于单体表面的建筑学风格。如果战后一代的建筑立面和当代的建筑立面存在巨大区别的话，那首先就是战后建筑的立面一般是模块化的，而当代建筑的立面更像是建筑物的皮肤。

16世纪印度拉贾斯坦邦（Rajasthan）琥珀宫（The Amber Palace）

战后时代粗犷、夸张的建筑结构呈现出装饰与施工工程的简单结合。抽象概念与几何图形的运用，毫不掩饰地挖掘出一系列与停车建筑相关的技术难点。这些建筑，以不完整的立面为特点。框架结构却不使用玻璃镶嵌、缺乏设计构思，与印度次大陆出现的清真寺、庙宇和宫殿有着更多的共同之处。它们都是采用细孔石子筛屏作为外立面，既从视觉上保护了隐私又能保证良好的通风，还可以防止室内的人们受到阳光的直射，也防止男士的目光落到女士身上。战后停车场的立面采用灌注、浇筑或是编织而成，像是穿孔石屏（jali screens），阳光洒落在粗糙、带有油渍的混凝土表面和闪亮的车身上。黑暗从此被打破。

德国杜塞尔多夫拉廷根街多层停车库

立面通常是评价多层停车场的一种途径。但立面是如何处理物质的，立面

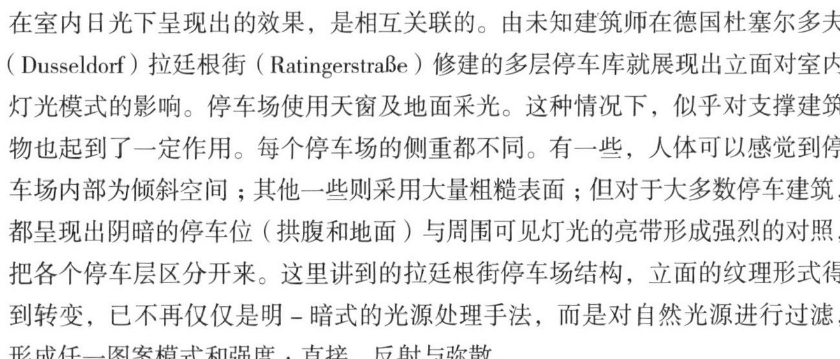

在室内日光下呈现出的效果，是相互关联的。由未知建筑师在德国杜塞尔多夫（Dusseldorf）拉廷根街（Ratingerstraße）修建的多层停车库就展现出立面对室内灯光模式的影响。停车场使用天窗及地面采光。这种情况下，似乎对支撑建筑物也起到了一定作用。每个停车场的侧重都不同。有一些，人体可以感觉到停车场内部为倾斜空间；其他一些则采用大量粗糙表面；但对于大多数停车建筑，都呈现出阴暗的停车位（拱腹和地面）与周围可见灯光的亮带形成强烈的对照，把各个停车层区分开来。这里讲到的拉廷根街停车场结构，立面的纹理形式得到转变，已不再仅仅是明 - 暗式的光源处理手法，而是对自然光源进行过滤，形成任一图案模式和强度：直接、反射与弥散。

最好的立面取决于停车建筑在功能上与经济上的独创性。同样地，它们可以是为城市引入抽象装饰概念的缘由。或许杰出的作品都是战后时期勇于创新的结构建筑，显示出多层停车建筑为建筑立面的构成与设计做出的最初贡献，MGF 建筑事务所（Mahler Gunster Fuchs）位于德国海尔布隆市（Heilbronn）的作品与 IaN+ 建筑事务所位于罗马的作品再次被兴起，部分原因在于人们重新燃起了对于汽车安置的兴趣。

英国巴斯（Bath）公交车站

英国普勒斯顿（Preston）公交车站

伦敦展馆路（Pavilion Road）

西雅图

德国杜塞尔多夫（Dusseldorf）市考夫霍夫百货公司（Kaufhof）

英国布里斯托尔（Bristol）王子街

英国布里斯托尔三角大楼（The Triangle）

德国杜塞尔多夫拉廷根街（Ratingerstraße）

英国雷丁市（Reading）

伦敦青年街（Young street）

法国波尔多市（Bordeaux）

英国史云顿市（Swindon）

美国陶顿市（Taunton）

纽约

德国杜塞尔多夫市考夫霍夫百货公司

洛杉矶圣塔莫尼卡广场（Santa Monica Place）

印度法泰赫普尔西克里城（Fatehpur Sikri）

Cabinet Genard（Cabinet Genard）
1958~1959 年法国图卢兹（Toulouse）维克多・雨果广场（Place Victor Hugo）

停车场位于维克多・雨果广场，与办公楼、餐厅和一处室内市场重叠。此停车建筑约 100m 长，立面涂有奶油色涂漆，两端设置双螺旋上下坡道，属于钢筋混凝土结构，以梯形港湾式停车场的表达形式而闻名。Z 字形护栏显得尤为突出，覆盖了建筑物过半的长度，之后如心电图变成直线般走向平稳，直到立面末端。这种布局在之后每层逆转一次方向。

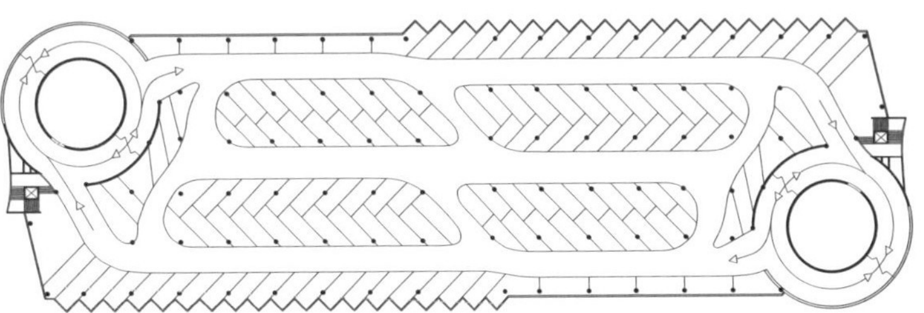

德国 GMP 建筑师事务所（Von Gerkan，Marg & Partner）
1984~1986 年德国不伦瑞克（Braunschweig）地区邮政局

此错层式停车建筑立面采用非承重蜂巢状预制混凝土结构，保证了建筑内部良好的自然通风及日照。从建筑外部很难发觉被立面隐藏起来的汽车，反而能清晰地看到建筑物奇怪的规模和开口处光与影呈现出的效果。

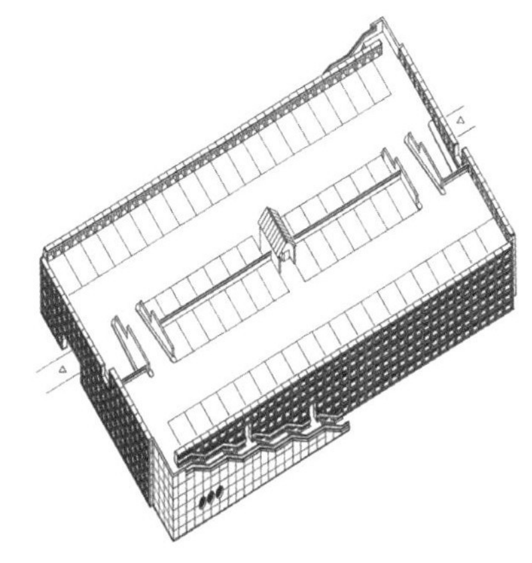

布莱恩·希利建筑事务所（Brian Healy Architects）
1999 年美国波士顿林肯街

"混合"三明治型结构的建筑最初可追溯到 20 世纪 50 年代，经过最近的翻新和重新包层设计，办公室下方设置两层停车层、一家餐厅及一处中国超市。从某种意义上讲，这种布局平淡无奇，但这种功能叠层的混合设计又十分出色。立面也尝试采用包层设计，引出了从类型上派生出立面的想法。这种史无前例的并置结构类型的出现，是对泊车建筑设计的又一种启示。

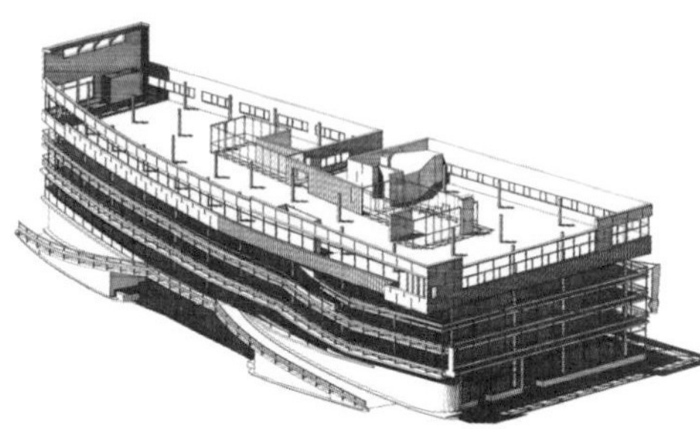

十人建筑事务所（Ten Arquitectos）
1998~2000 年美国普林斯顿大学

这座停车建筑位于普林斯顿大学的南部边缘处，原先这儿是一座大型停车场。这个建筑设置在一座现有塔楼的对面，紧挨着一座内部为冰球场的建筑，使得必将成为校园广场的公共空间更加完满。该项目对场地上已建有的平淡无奇的预制混凝土停车结构（20000m^2）进行再次包装，不锈钢包层既保证了充足的日光，也确保了自然的通风条件。立面能够根据一天内时间变化，呈现出透明、半透明或不透明的状态。虽然可以改变这种建筑外观，但光的入射概率或是位置的改变、和立面材料的丰富性，也不能否认这种设计背后呈现出的独特的建筑轮廓。

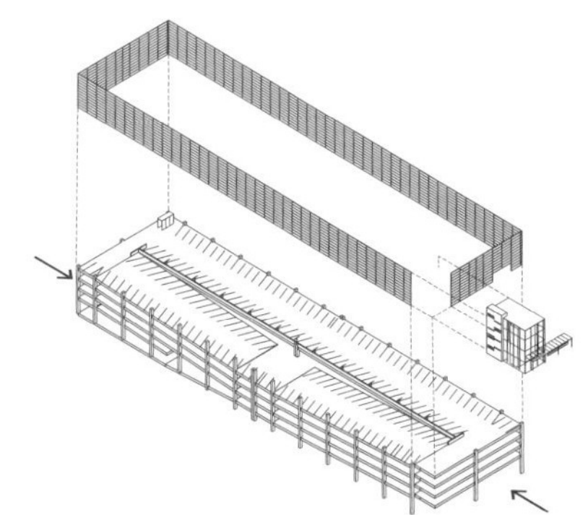

德国海茵建筑设计公司（Henn Architekten）
1994 年德国沃尔夫斯堡（Wolfsburg）汽车城（Autotürme）

是主题公园还是停车场？沃尔夫斯堡的汽车城，作为大众汽车总部的所在地，是一个科幻小说与天才营销的奇怪结合。一对椭圆形的 19 层塔式结构孤立在倒映池中，成为展馆综合体的背景，园林景观的一部分，歌颂着汽车制造商的大众家族。虽然塔式结构超过 50m 高、建筑外貌也十分壮观，但内部设计采用了未来主义，车辆在其中不断重复、叠加，看起来却是空荡荡的。自动化机械臂使建筑更为动感，也令人不安。这是一座停车场，但只能远观，视其为一个物体而不是一片空间。

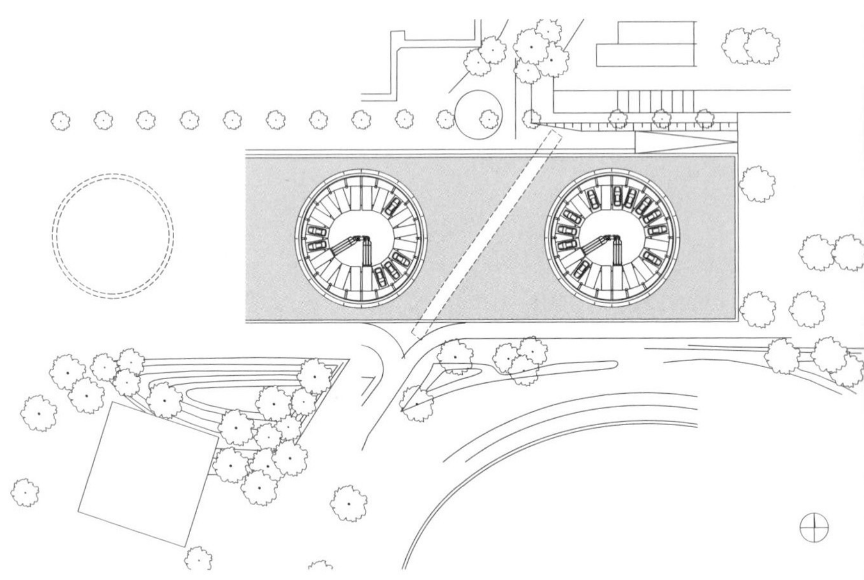

德国 HPP 建筑事务所（Hentrich-Petschnigg & Partner）
2002 年德国莱比锡市（Leipzig）莱比锡动物园停车库

五层的钢结构停车楼，每层被分成两个平行的车道，末端设有一对螺旋形的入口坡道。建筑师随后使用柱子围绕结构进行包层，显得凹凸有致。外层竹子直径 110mm，间距 75mm，遮盖内部汽车的同时保证了良好的通风，也极大地遮挡了日光。这些竹墙展现出与自然世界强大的关联，因此再加上这一场地本身是动物园，它就显得既富有异域风情又有着民族风情的诱惑。竹墙保护层的设计也是为了使建筑结构不受汽车排出的二氧化碳的侵蚀。更为杰出的是，莱比锡动物园停车库那原始、悠闲、自然的感觉令人久久不能忘怀。它的美丽与实用并存。

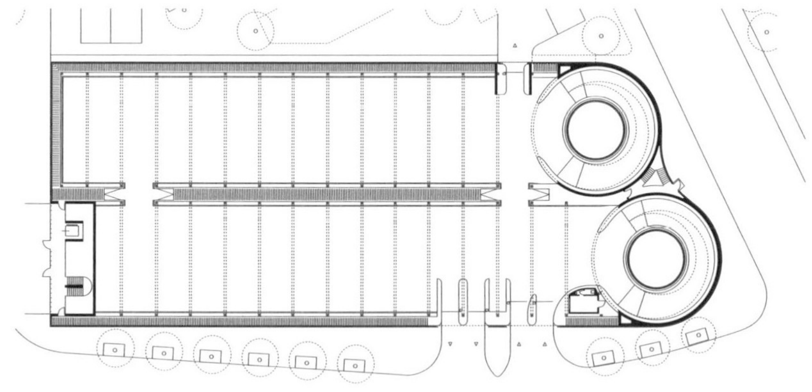

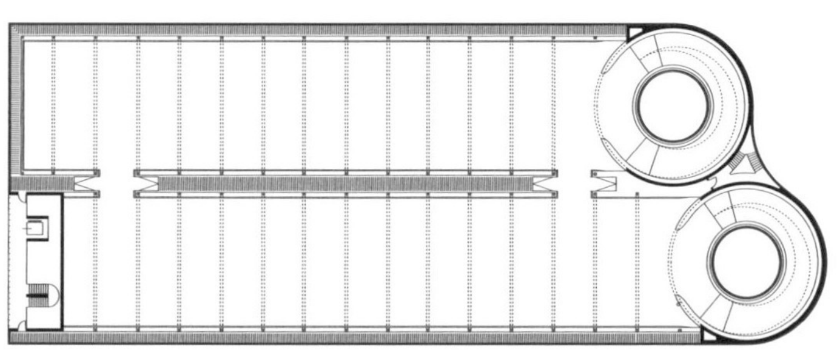

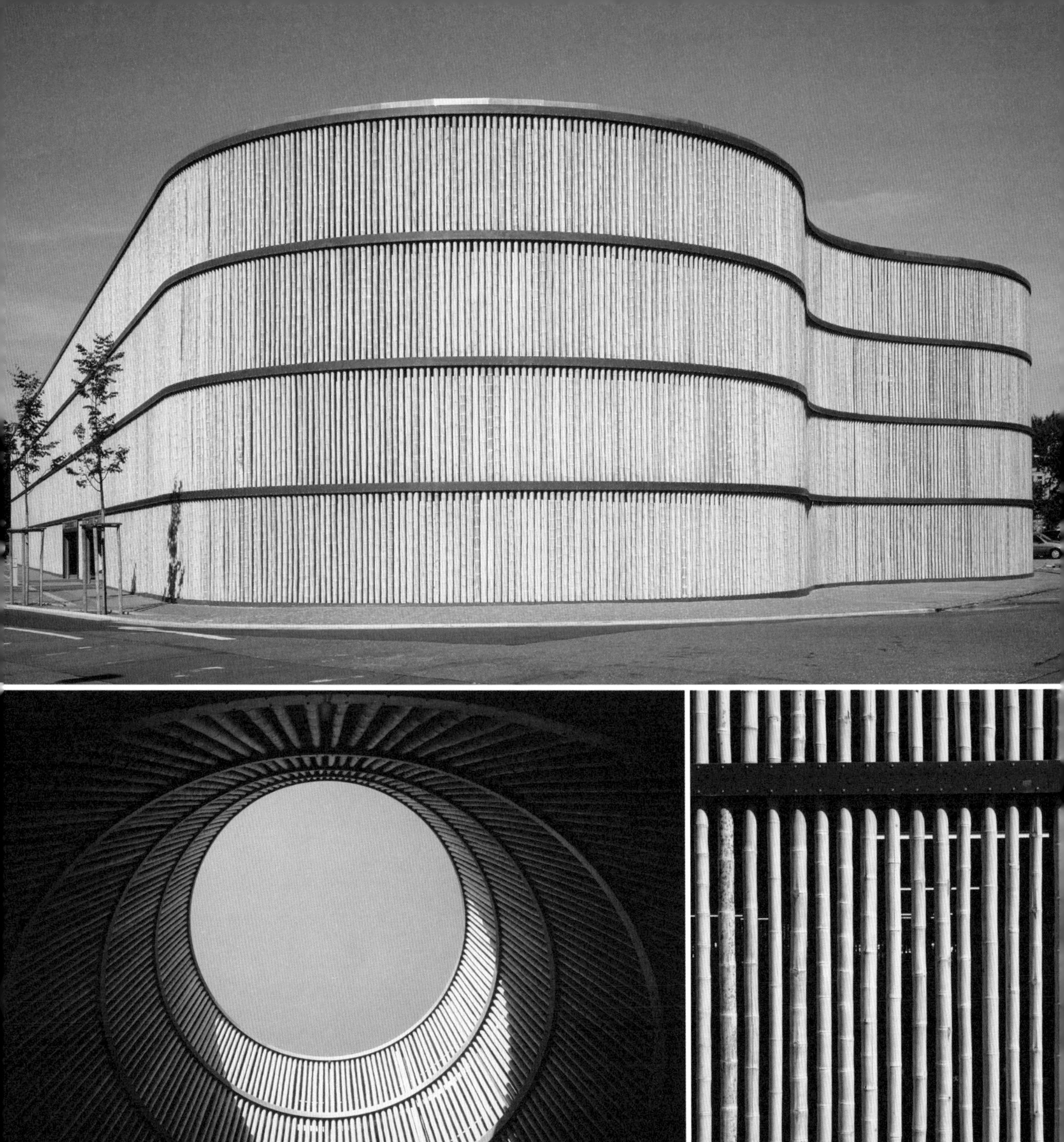

IaN+ 建筑事务所
2001 年罗马诺沃萨拉里奥停车场（Parcheggio Nuovo Salario）

设计灵感来源于天然细胞的形态。这座建筑的立面是由形状各异的混凝土空心砌块组成。上层是由建筑立面支撑的停车层，且立面边缘超出了停车层的水平线边缘。因此，在立面“区域”内，可创建多样化的“房间”。传统观点默认停车场结构应采用重复设计原则，此项目却把停车场当作一种装饰媒介。无论是汽车模型，还是建筑经济学都不可能会影响到立面别致独特的秩序。

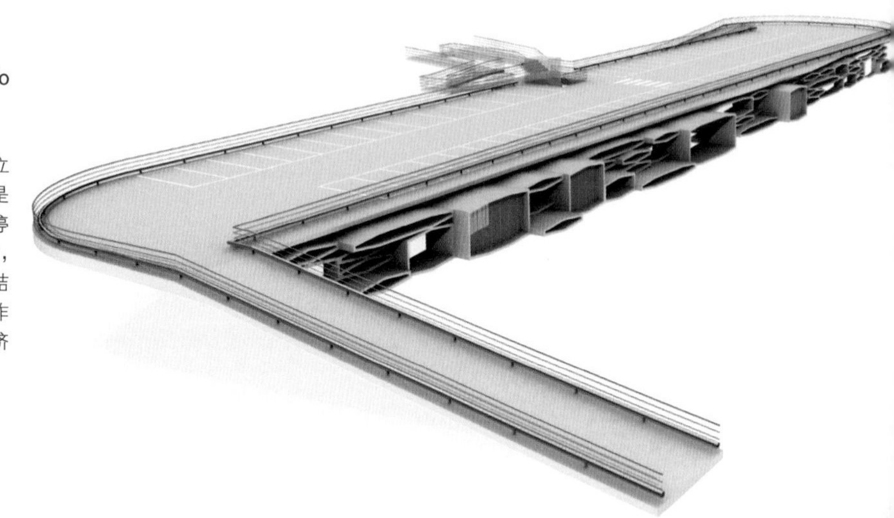

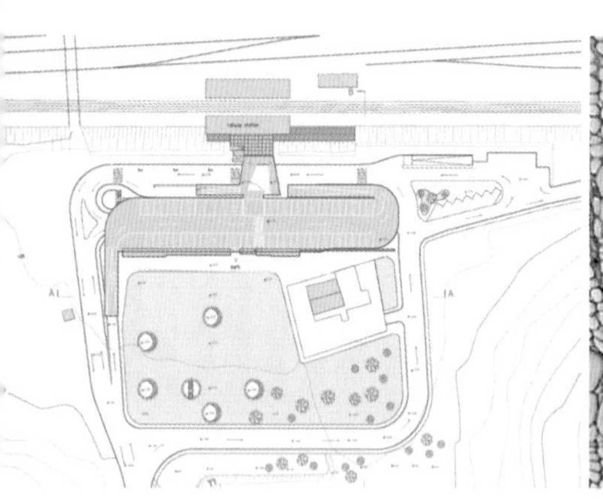

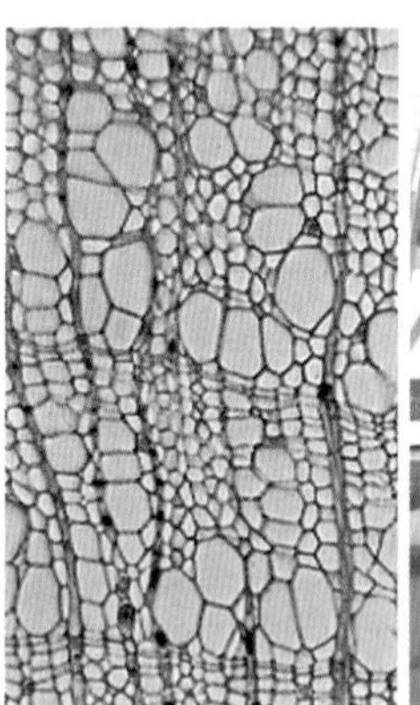

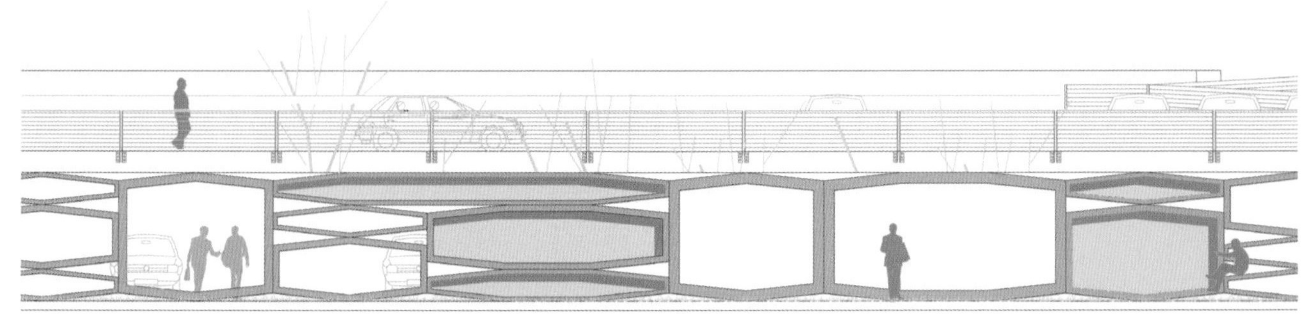

案例研究

保罗·施耐德–埃斯勒（Paul Schneider-Esleben）
1953年德国杜塞尔多夫（Dusseldorf）哈尼尔停车库（Parkhaus Haniel）

整个建筑由一个玻璃柜结构从外包裹着巨大的混凝土框架。从外部结构来看，直线型线条蔓延整个建筑，一直延伸到第四层。在这旁边，设有一个单层展馆，由9根混凝土柱顶部支撑着。保罗·施耐德–埃斯勒设计的哈尼尔停车库位于弗林格尔恩（Flingern Nord）的郊区，是战后西德首个竣工的多层停车场。起初，四层主体结构首层设有加油站、办公室和商店，上面三层设有500个停车位；展馆部分包含一家小旅馆和员工住宿，配有加油泵、控制室以及地下出入口。

现如今，主建筑变成了宝马展示厅，配有麦当劳餐厅，取代了原来的地面加油站。20世纪50年代的黑白照片中出现的那种光滑的玻璃立面保留了下来，但是现在窗户的剖面像是张展开的蓝绿色渔网，贯穿整个建筑。对于这种类型的古建筑在当时的悲惨命运是难以想象的。人们更容易想到的是一个更具前瞻性的转变，将驾车外带式的麦当劳餐厅设置在主建筑的顶层，顾客需要驱车沿路边坡道一直开到四层，拿到汉堡包，再沿后部相同的坡道回到地面。

50余年的交通规划、商业发展和引导标示设计使现在的人们很难读懂这座建筑的墙面雕刻与材料使用的含义。但在夜晚，没有前景的干扰，现浇混凝土框架便显现出来：三层停车板和一个蝴蝶状屋顶，由三排矩形柱（共45根）支撑着。柱子位于山墙立面往里2.5m处，街道立面和后立面往里3m处。柱骨架扩张至突出的屋顶下，支撑15个悬臂式锥状肋形楼板梁，而它们又支撑着由屋顶处的28mm钢吊架悬吊而下的上下坡道，这是非常清晰的建筑结构。

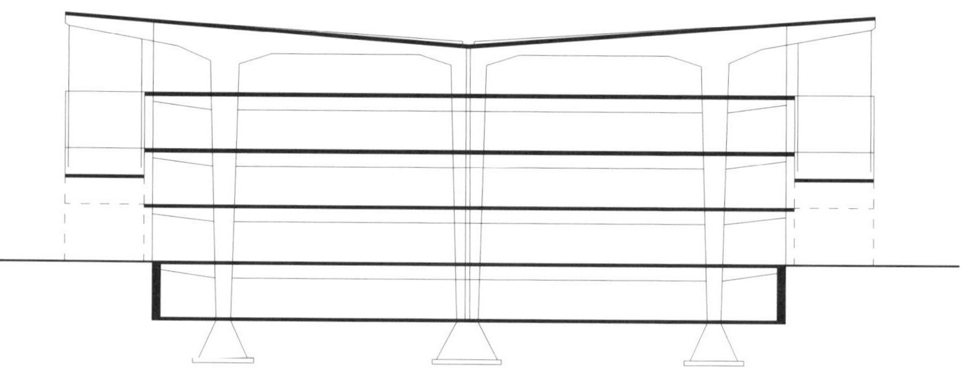

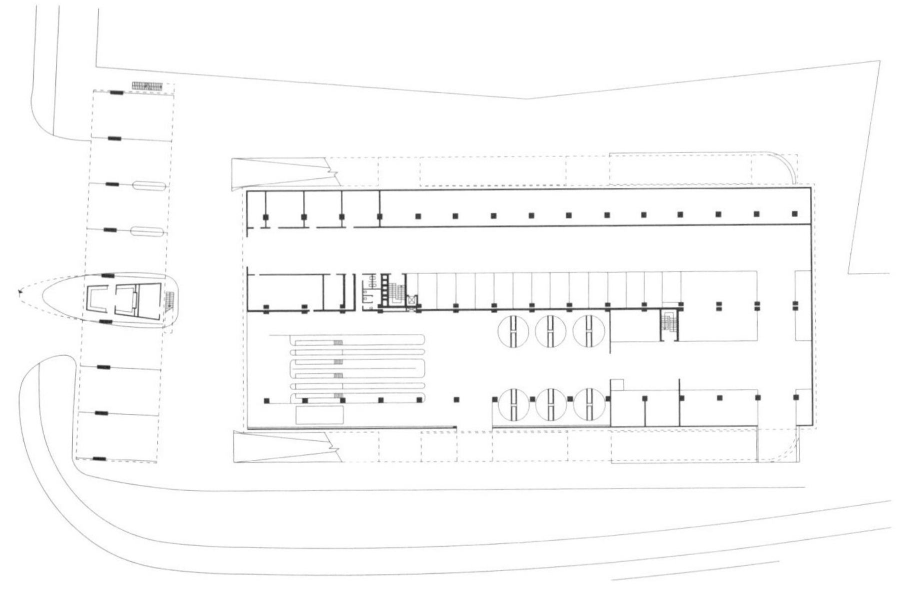

哈尼尔停车库展较好地展现了它的结构逻辑与立面外观。白天的时候，附近建筑物的反射与过往的云朵隐藏了内部和结构框架。夜晚，景色逆转。人造光照亮了混凝土框架精巧的秩序，外层玻璃消失，仅留下轮廓中清晰的横竖黑线。

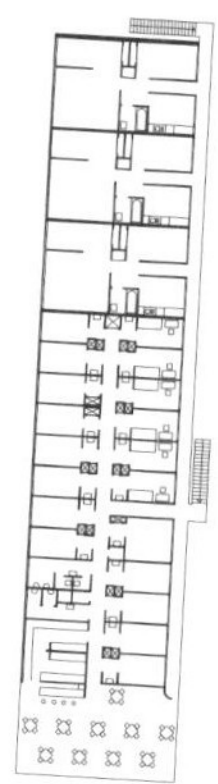

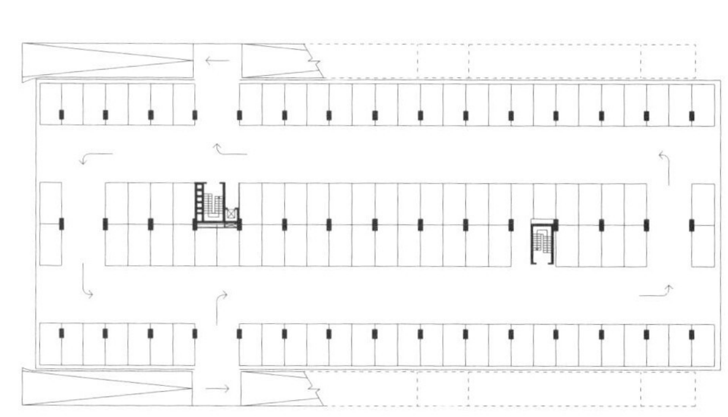

PARK
45¢

肖、梅兹与多里奥建筑设计公司（Shaw，Metz & Dolio）
1955 年芝加哥停车设施一号（Parking Facility No 1）

停车设施一号为16层升降式停车库，位于瓦克尔街（Wacker Drive），是20世纪50年代芝加哥十大停车建筑之一。这座停车场由肖、梅兹与多里奥建筑设计公司设计，与大多数升降式停车场类似，中央设有一间电梯厅，两侧设有多层停车“塔”。建筑物在剖面上被分成三个部分，第一部分为三层高的柱基，用于连接上下层，即瓦克尔街地上和地下的停车台。设置在上下层处，用于连接瓦克尔街地面及地下车道。在这些设有停车和取车处的楼层中，车辆由右侧驶入，左侧离开，并为顾客提供了充足的等候空间，为路边排队等待泊车的汽车司机提供了排队的空间，同时也便于停车场的服务人员将等待取走的车辆集中停放在一起。这三层的中间层是一个停车台，每侧可容纳三列汽车。柱基上面为11层停车楼主体，开敞式停车板每侧可停放两列汽车。再次强调，大厅的

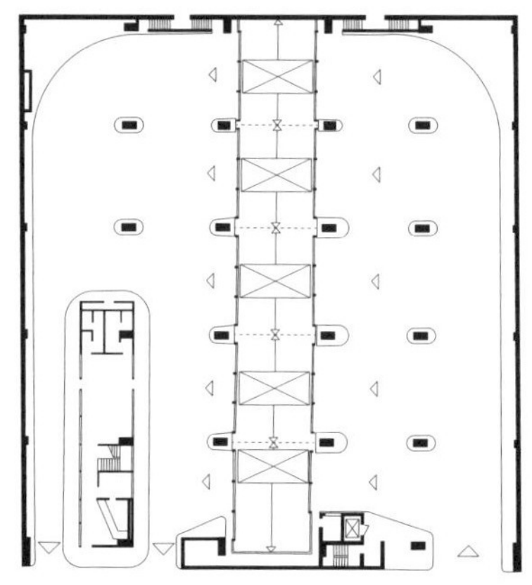

瓦克尔街地下车道（Lower Wacker Drive）
停车取车层平面图

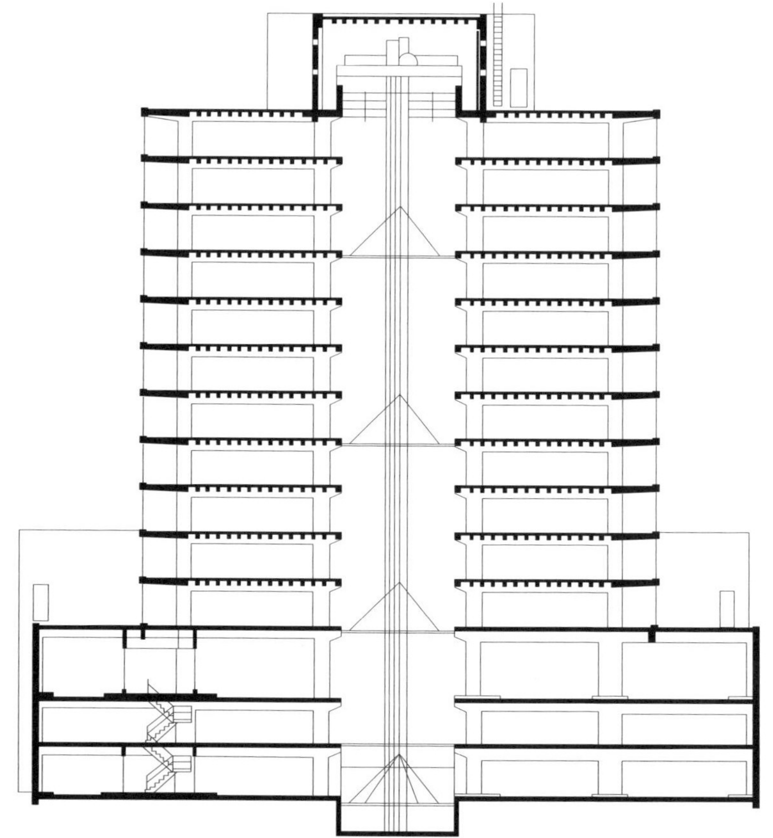

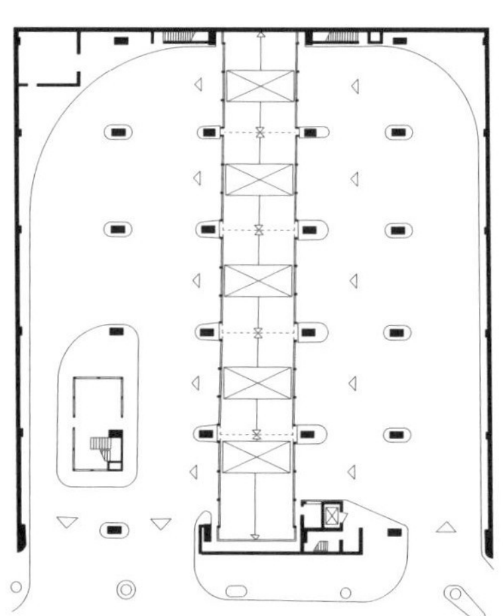

瓦克尔街地面车道（Upper Wacker Drive）
停车取车层平面图

两侧都可以停车。最后的两层结构部分设有五个桥式起重机，这正是悬吊加油车系统（Bowser System）升降机的地方。

在 44m 长、6.5m 宽、45m 高的停车厅内部，五部升降梯上下左右来回穿梭。每一部升降梯都由一位随从人员从电梯处的汽车内部进行引道。实际上，中央区是由五个单独、但连续的升降机井组成。这样的布局使停车厅与侧翼停车层形成鲜明的对比。停车厅与停车库和中殿与大教堂的布局比例相同，五个钢桁架结构从屋顶悬吊下来，由底部的一条单独轨道作为导轨。相隔一段距离，"衣服架"构件从桁架主体伸出。主要使用钢材，剖面尺寸小，这不可避免地会让人联想到造船厂和火箭发射台；未进行内部装饰性设计。停车厅的末端采用高砌筑墙进行封锁，两翼之间设有楼梯和桥。因此，从街道处无法看到内部结构。在这 11 层主体结构中，每一层停车区均由 12 根柱支撑。梁跨柱上形成一列，中间设有薄板剖面。混凝土底板为悬臂式，向边缘逐渐减少。直径 9mm 的竖向缆索贯穿 11 层楼，像警卫一样守护着停车楼。每根缆索上部紧固，由紧螺器调节张力。下部的螺旋弹簧用于收紧张力。在每层楼板中，缆索穿过一条 7.5cm 的导管。

作为一个创作作品，立面是美丽的。它简单地在精致的铅垂线（受拉缆索）上叠加了厚重的水平线（悬臂式混凝土楼板）。在 11 层混凝土停车场沉重的水平线背后，成千上万条互相平行的垂直线条像小瀑布般倾泻而下。建筑师的这件作品相当谨慎，间距 20cm 的铅垂线形成了背景。如此一来，使 30cm 厚的停车平台边缘可以占主导地位（每两个平台间隔约 3m）。缆索被淹没在了朦胧的背景之中。整体立面被印在了克洛斯（Klose）的《多层停车场与汽车库》（Multi-Storey Car Parks and Garages）一书的护封上；图片中，汽车在"栏杆"后面排列开来。这张图片证明了建筑物越简洁，立面越抽象。前景中构成立面的图形线条为评价汽车规模和复杂形式提供了更加简单的方法。

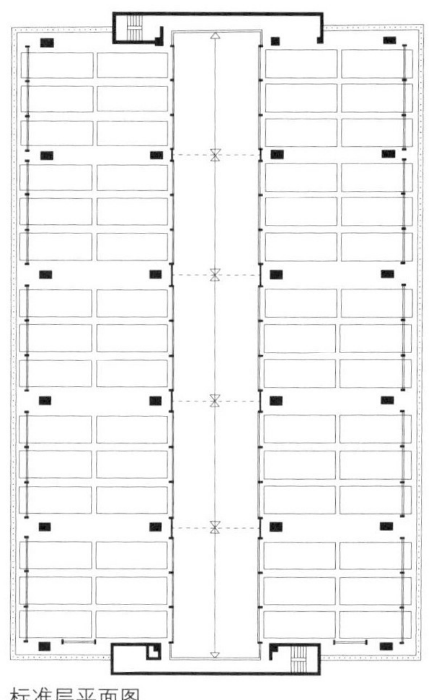

标准层平面图

迈克尔·布兰皮德（Michael Blampied）
1970 年伦敦德本汉姆（Debenhams）

迈克尔·布兰皮德为德本汉姆设计的停车场位于伦敦市中心，其结构立面完美地诠释了建筑物质与几何构成的结合。面对公众的冷漠，当代建筑强调了经济性和实用性，见证了人们对停车场的偏见，视其为“不可避免的灾祸，并且在某种程度上应该被遮挡或是隐藏”。[49] 遮挡可以，但不能隐藏。写出这句话的文章使我们对市中心停车建筑这一代的设计与施工产生了一种前所未有的深刻理解。对于这种建筑物，一般情况我们是毫无想法的，即使有，也都是对停车楼的诋毁。虽然这座停车楼的立面比较抽象，但传达了其本来的面目；肯尼斯·弗兰姆普敦对安伯托·艾柯（Umberto Eco）的观察加以总结，认为“一旦以‘使用’为目的，必然就会有迹象来表明该目的”。[50]

将一个 15.7m 的传统停车场模块置于一块截去了顶端的三角形场地之上，所以停车楼的平面为不规则多边形。这种形状重复了十层，采用错层式的剖面设计。但是，成就此次设计的既不是平面也不是剖面，而是立面。三面高度通透的立面需达到必要的自然通风；第四面为共用墙。资金问题导致设计团队摒弃了最初的设计方案，不再使用构造柱和非构造包层，转而设计一种预制混凝土系统。使用 Y 字形受力柱支撑建筑外立面。Y 字形柱需要在顶端的中层增加水平约束，逐渐进化为 V 字形，可以跨越和支撑各个连续层。

随着形状的改变，平面中的模块尺寸也发生了改变。在建成的单元中减少到 2m，以适应全部三个立面。几何规则和施工技术及公差在设计中发挥各自的作用，通过使用 1 ∶ 12、1 ∶ 4 及原比例聚苯乙烯实物模型，建筑物逐渐显现出其外形。实物模型留在室外，用于测试风化情况和斑痕。这里的 V 字形实际上是一个等边三角形，顶部的两个角需进行倒棱处理，相邻两对顶角之间形成一道凹陷。各个连续 V 字形相互吻合形成对角阵。除首层外，V 字形在全部三个立面的各层之间不断重复；每两层交替处，使用非标准构件进行转弯处理；首层设有一系列的 T 字形构件与相互咬合的楔石，形成基础层。每块构件正立面均经过倒棱处理，各倒棱角之间留有 25mm 的施工缝，这使得立面有了其特点——阴影，这种设计似乎是在否认立面的承载能力。建筑整体呈白色，混凝土构件均经过酸蚀处理。

T 型柱与楔石详图

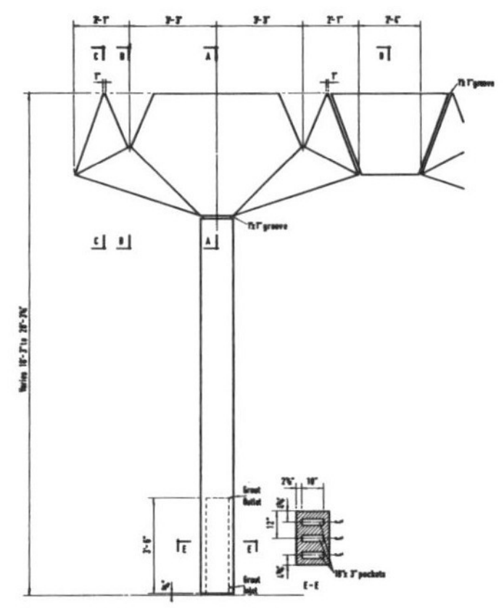

V 字形背后，形成第二道金银丝屏障。此屏障由 5mm 的不锈钢竖向受拉缆索构成，间距 12.25cm，用于保护行人与驾驶人员。这些缆索与芝加哥停车设施一号（Parking Facility No 1）中的有些相似，此处缆索从顶层开始，跨越各个连续层，锚固在首层上。最后，在缆索背后是一道 300mm 深的塑胶护栏。在建

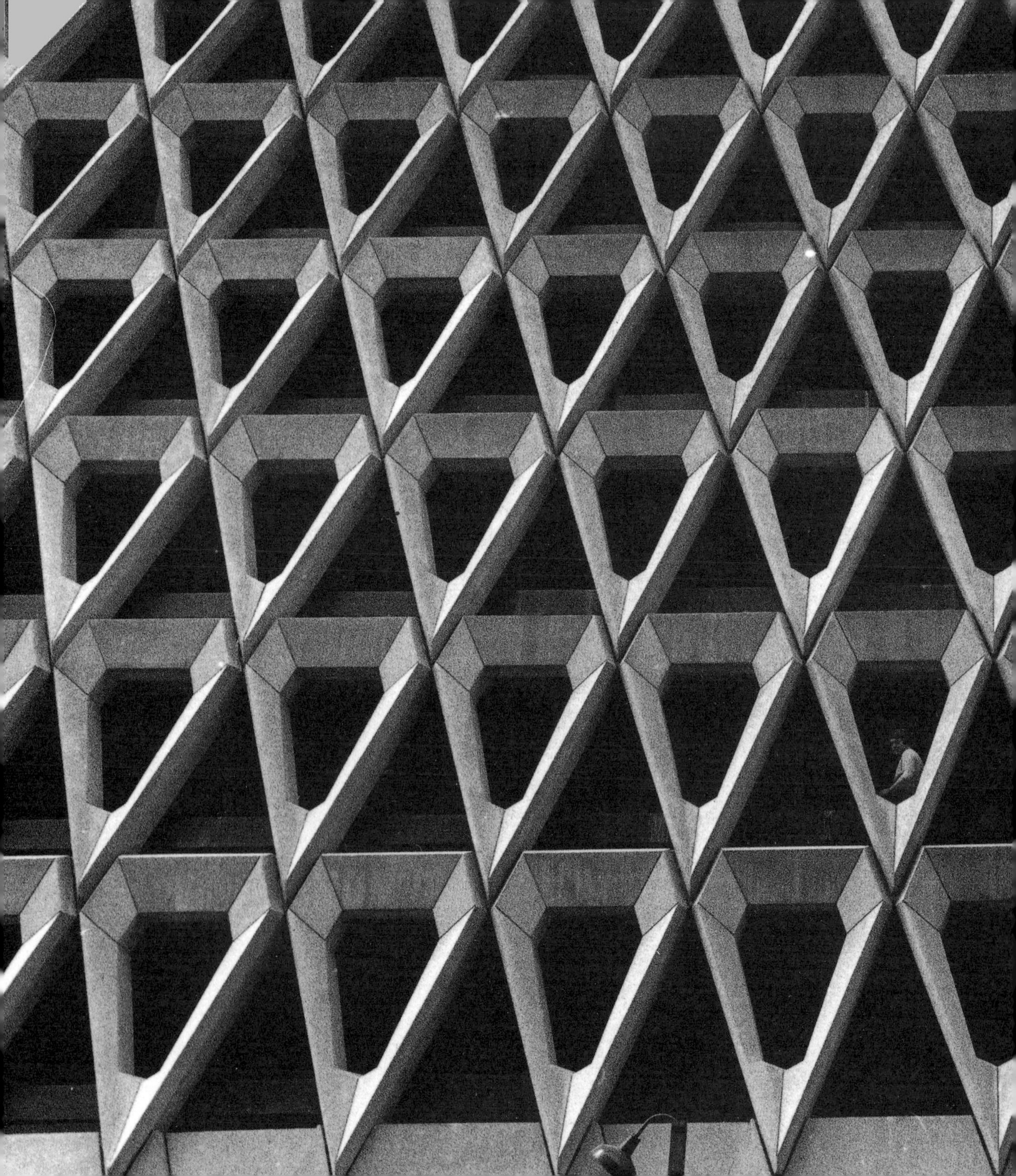

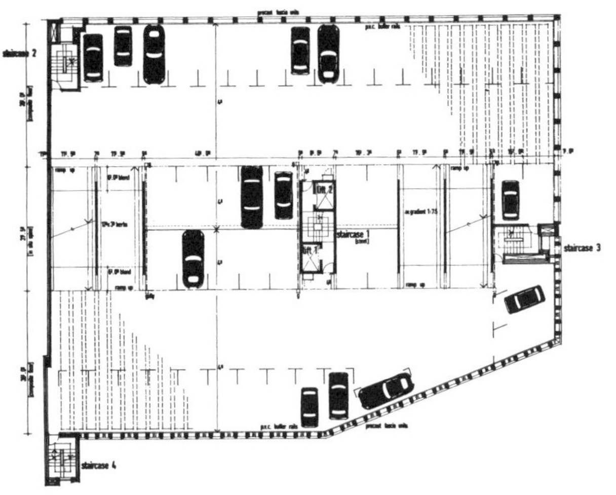

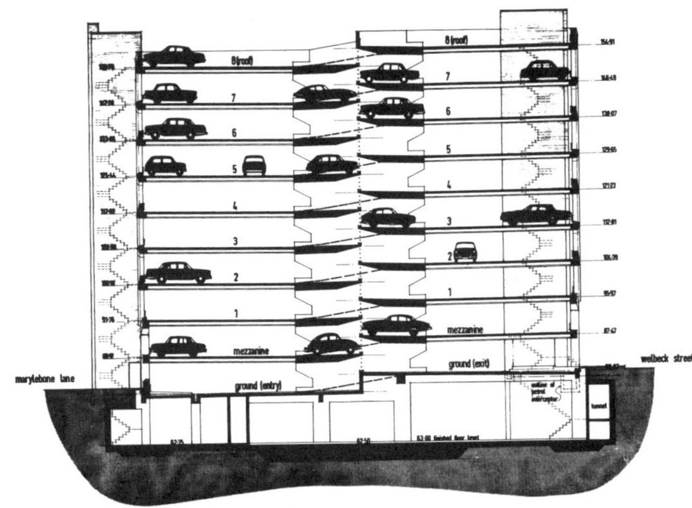

筑内部，9.5m 宽的现浇混凝土翼缘墙和板芯锚住结构。这种元素贯穿整个建筑，融合了连接分层的升降机、楼梯芯板和坡道。预制混凝土梁跨过现浇芯板和周边承重 V 字形墙，梁在中心 1m 处，即 2m V 字形模块的一半处，从 V 字形接缝处偏移。同时，预制木板和现浇地板只有 10cm 厚。梁通过钢螺钉与 V 字形模块连接。在 T 字形及 V 字形模块的顶端、预制梁和木板上进行混凝土浇筑，形成此停车场巨大的整体结构。

拱腹上和立面中大量使用预制构件所产生的效果、灰色表面的低反射率、浇筑的立面与梁间的电光所产生的阴影，都映射出一个被压缩的中世纪大厅的构造（虽然不是空间）。大厅设有砌体墙及密集、沉重的木质梁。坡道两边的混凝土翼缘墙上凸显气势的拱腋更加强调了这点。在建筑边缘，受光照对比，视野变暗，但是这光并没掩盖住这样一种感觉：每一层通过斜构件连续竖向桁架支撑着下一层——这是通过掩盖停车层剖面截出的每个 V 截面的水平弦所营造出来的一种错觉。

从外部来看，每个 V 字形是中空的，后面的缆索使之有可能形成中心。这种对角阵形成菱形图案，其中每个菱形包含一个下方的局部实心的三角（结构 V 字形）和一个上方的倒转的空心三角空隙（两个结构 V 字形之间的空间）。这种图案隐藏了传统剖面，把结构刻画为单一的柳条状的框架（21m 高、36m 宽、40m 长）。在拐角处，用于两层空隙处的专用预制构件连接了 V 字形剖面的常规图案。每一个都形成一个 V 字形，只是体现在三维空间里。最后成型

的建筑物相当简洁——一片镶嵌的形式和雕刻的表面被加工成了许多不同的色调。立面的图案并不直接由墙、柱或护栏（缆索）组成。从街道望去，肉眼并不能看到造成这种抽象效果的正是护栏。英国布里斯托尔市（Bristol）和雷丁市（Reading）的停车场设计采用了相似的结构，只是使用 X 字形构件替代了 V 字形构件。

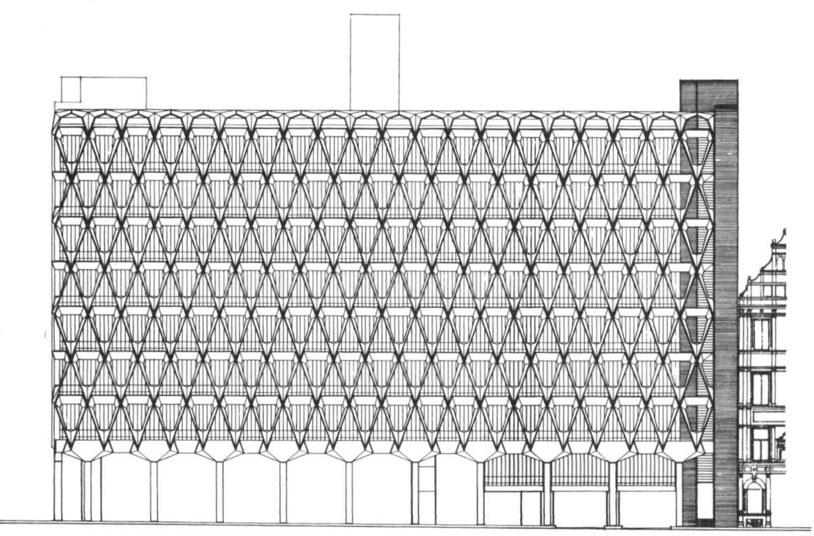

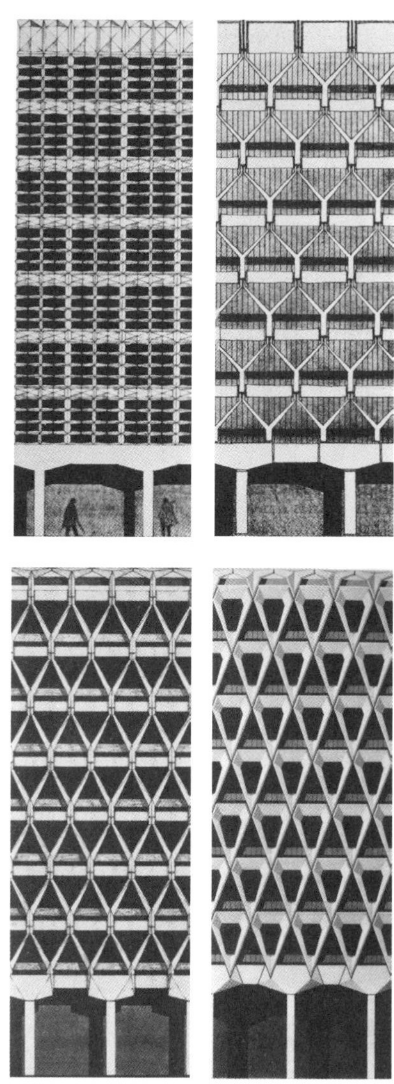

立面研究

SELF PARK
SELF PARK
ROCHELLE'S DELI

泰克曼·法格曼·麦柯里（Tigerman Fugman McCurry）
1984~1986 年芝加哥东湖街 60 号

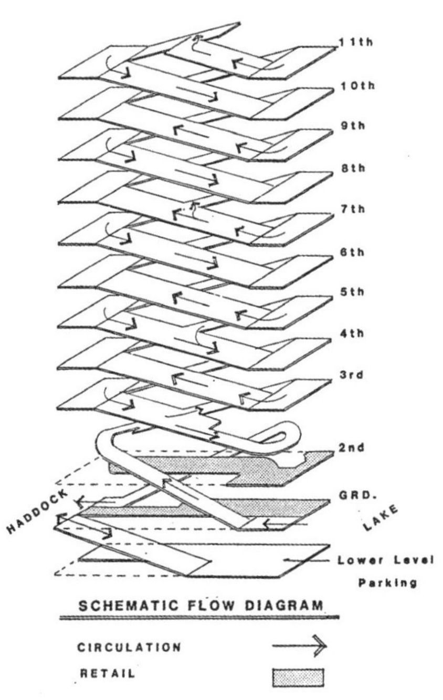

20 世纪 50 年代，芝加哥计划修建 44 座停车场，这正证明了泊车建筑对一座城市可以产生的影响是多么大。[51] 正是就业数量与购物方式、交通调查与基础设施改建计划（简言之就是统计数据）导致了这些实用建筑的兴起。虽然在当时这种现象与建筑外观无关，但却与停车如何才能更方便、高效息息相关。它们产生的其他重大影响也是确确实实存在的。立面修长而矮小，建造在相当坚实的周围建筑（办公室或是公寓“大楼”）之中，这些泊车建筑创造了奇怪的城市空隙。它们的构造清晰，毫无疑问具有现代感，早期的教科书中也提到过这类成熟停车楼的例子。如今，这些设计技巧经过加工与精炼，我们又回归到了当初抽象简洁的设计式样。但曾有一段时间，对于停车场设计的质疑导致泊车建筑被隐藏起来。

30 年后，也就是 20 世纪 80 年代，出现了一个优秀的案例。此设计巧妙地乔装了停车场，而不是采用掩饰的手法。当时客户的指示很明确：“我希望这个建筑看起来像是个车库，而不是像卡拉卡拉浴场（Baths of Caracalla）一样”。[52] 造好的建筑物位于东湖街 60 号（60 East Lake Street），没有明显标志表明这是一座建筑（这是一辆“车”，不是一座“停车场”）。它所参考的历史也并非建筑物的，而是汽车的历史。这块小尺寸的场地（约 21.5m×42.8m）带来的唯一一个问题就是，没有迹象表明建筑物内部是如何运作的。建筑师提供的“流程示意图”用最简洁的方式阐明了建筑物的实用性。建筑物本身不设有常规地面。取而代之的是一个陡峭的矩形的螺旋结构（连续面层），巧妙地把停车台分离成一条“向上”和“向下”的流线（实际上，属于双螺旋结构），形成一条单坡道，环绕至 12 层再绕回至街道标高。在很多节点上（第三、五、七、十一层），交叉处提供了减少行车距离的方法，可以直接通向屋顶或回到地面。199 个车位，每层仅容纳 20 辆，紧紧围绕着平面中心和东湖街立面。后张现浇混凝土结构的设计也是同样的复杂。不像 20 世纪 50 年代的那些泊车建筑的先例那样（拥有大片的土地用于设计规划），这片场地由于发展压力，是被“填满”了的，这也使此建筑“大楼”更接近于其周围的其他建筑物。

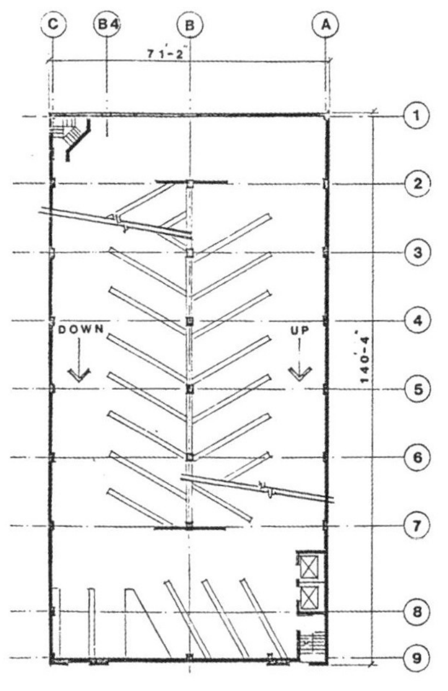

从外观上看，立面隐藏了其倾斜的空间秩序和结构物质。实际从正面看，立面模仿了大约 20 世纪 30 年代的“经典旅游汽车”的外形。这个 12 层的“汽车”拥有镀铬格栅、车头灯、保险杆、1957 年蓝绿色雪佛兰样式的挡泥板和模仿轮胎样式的遮阳篷……清晰地刻画了（刻画着）停车库的身份特性。[53] 毫无疑问，泰克曼的设计中留有新艺术车库（Art Nouveau garage）的设计痕迹。该艺术车库是罗伯特·马莱·史蒂文斯（Robert Mallet-Stevens）为阿尔法罗密欧（Alfa

SELF PARK
SELF PARK
SELF PARK
CROISSANT

Romeo，汽车品牌，1928 年）设计的。不同的是，马莱・史蒂文斯采用了对称的立面，使位于同一条街上的车辆出入口形成对称图形。这与泰克曼使用的铝汞合金、烤漆和链环栅栏是不同的。摒弃为了达到必要的通风而设计的均匀立面，这座停车库模仿了汽车的外形，故意引入大面积包层，阻碍了空气的自由通行，仅仅靠超大比例的引擎格栅并入这个卡通汽车，进行空气流通。

东湖街 60 号的这个停车场引发了一个有趣的问题：泊车建筑的多产时期（20 世纪 50 年代至 70 年代）在多大程度上可以创造出构思精巧的建筑形式，或者仅仅是恰巧采用了实用主义？他们想要把停车场设计成美丽的建筑吗？泰克曼・法格曼・麦柯里的建筑物，没有遵循任何停车场设计规则，是两种设计理念间的间隔。它从根本上疏远了第一代极具争议性的功能性建筑，赋予了其一定的正统性和后见之明，当回顾前代建筑时，一般认为他们有意那样设计泊车建筑，而不是意外的审美结果。

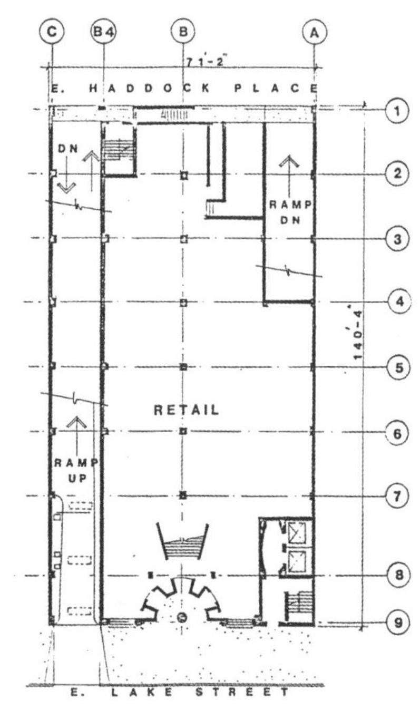

WEST PARK
1000

隈研吾建筑都市设计事务所（Kengo Kuma & Associates）
2001 年日本高崎市（Takasaki）高崎停车大楼（Takasaki Parking Building）

高崎停车大楼项目对建筑师隈研吾来说或许是一次理想的委任。他力求“弱化建筑的坚固性”，[54] 尽力从“零碎的”小浴室（Small Bath House）（1988 年）与 M2 大楼（M2 Building）（1991 年）拼贴的历史主义形式转变到“中立的形式而非分割的‘形式’”。[55] 这种趋向极简主义的设计在当时并不令人吃惊。然而与众不同的是，隈研吾坚持使用金属或木质板条和竹子进行内部屏障设计。因此，衍生了一种建筑类型。这种建筑类型不必使用传统的立面进行防潮和保温，而是采用了分布式的立面。这种抽象的形式也是保证建筑物功能性的必要设计，从而保证了自然通风，并减缓了吸入一氧化碳的危险或极端情况下发生火灾的危险。

这座庞大的七层建筑长 150m、深 35m，可以容纳 1000 辆汽车。它反映出了委任人对这座建筑的要求，要显示出高崎市的城市颜色：砖色。隈研吾采用预制混凝土遮光百叶隐藏了钢框架结构，形成了一个巨大的棕色盒子，盒子上点缀着半透明玻璃百叶窗，与立面成不同的角度。偶尔会采用垂直的百叶窗，意在保持开阔的视野；电梯和楼梯前均使用玻璃百叶窗，以增强自然照明度。

建筑结构的百叶窗设计较好地诠释了重复与切分音节奏的概念，即规则的分布、不规则的朝向。百叶窗模块采用标准尺寸，也同样按标准尺寸排列，使建筑物渗透着一种独一无二的特性。

百叶窗在立面中实际属于碎片型设计。它们紧凑的规则性簇成了建筑的外观，但不是以非建筑或基础设施的框架的形式，而是以一个固体整体的形式出现。此外，官方的第二个想法是隈研吾构思了“一个使停车场看起来不像停车场的建筑，这是完全的失败”，但这种发现却是一种恭维。不可否认，这座停车场让人很难辨认出里面的汽车，并且不属于重型混凝土结构。但隈研吾采用的也是惯用的停车场立面——这是对上一代的批判，对他同时期的同仁们的批判。格雷格·林恩（Gregg Lynn）在1997年发表的《空间设计》一文中把隈研吾的作品和点描派（Pointillism）进行了对比。[56] 隈研吾本人使用“颗粒化”一词来解释重复设计，[57] 这个词可广泛应用于许多极度依赖物质的抽象使用的多层停车场设计，作为对通风、日光和隐藏式设计的巧妙回应。

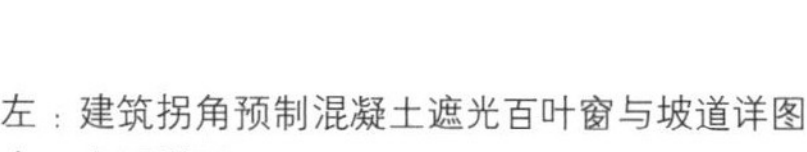

左：建筑拐角预制混凝土遮光百叶窗与坡道详图

右：立面详图

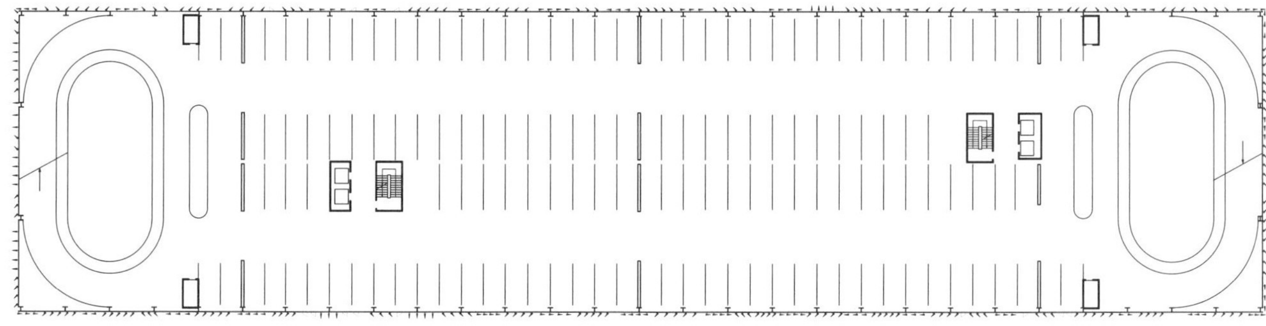

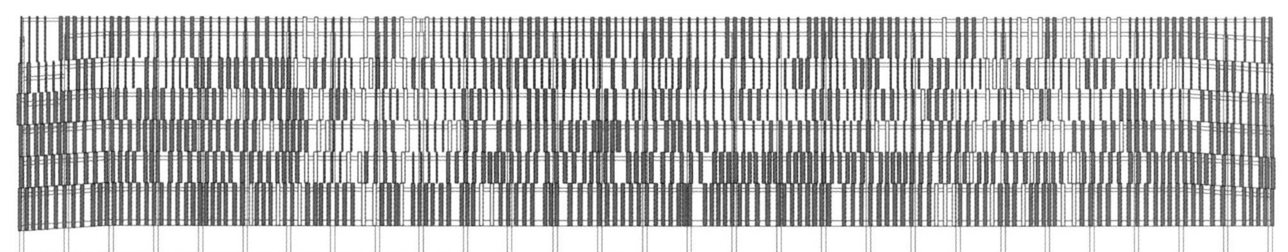

3 光

赋予建筑实用性

ELDON SQUARE SHOPPING CENTRE
NCP
P
No cars

annia
otel

SLOW

光

在停车场内可以体验一种空间压迫的建筑艺术、一种局部封闭的建筑结构和一种视野建筑感。出于成本控制的商业考量，要求将楼层间的间距尽量控制在接近汽车顶高的范围内，而地板宽度一般为 16m、32m 或 48m，这将构建出足以媲美足球场大小的大进深空间。毫无疑问，在停车场空间的间隙中，混凝土层会形成一种压迫感，而这种压迫感在日光灯的照明下将愈发强烈。低反射率的灰色混凝土表面和通常沿四周设置的外部可见强光灯带将形成强烈的视觉对比，导致眩光的产生。这种眩光的感觉更多的是我们的意识戏弄了我们的双眼。

我们不知道阴影中隐藏着什么，而这时候，书籍和电影中出现过的一幅幅关于停车场的生动画面便会涌现，是进行违法勾当的场所，还是暴力犯罪的现场，这一切将激发我们无穷的想象力。而停车场，这种如洞穴般的空间的空旷和寂静只会增强这种不安感。在照度均匀的居住环境中，人们往往觉得更为舒适，而停车场的内部空间则是一种完全相反的体验，人们对此总是毫无准备。光，是构建其独有真实性的重要因素。

Roy Chamberlain Associates 事务所：伦敦昂格街（1970 年）

对停车场设计而言，影响光量和配光的关键变量在于平面进深、立面覆层类型和孔洞的分布。在大进深平面结构中间，一片黑暗与一线光明形成了极为强烈的对比，剥离了环境的色彩与色调，即便眼睛也无法弥补这一缺憾。简单的带状覆层，就可以将停车场内部空间改造为一个二元光体系；若采用更加复杂精致的覆层，便可以利用其几何形状划分光源，通过垂直线条、三角形或多边形形制改善空间光环境。

由 Roy Chamberlain Associates 事务所设计的伦敦昂格街停车场（1970 年）采用了层高整体立面，各层立面利用矩形玻璃钢（GRP）箍相连，从而对流入室内的日照光线进行过滤，这在某种程度上令人想起了雕塑家赫普沃思（Hepworth）的作品。事实上，停车场的每两扇百叶都是相互连接的，以此构建出一处空白，而这些基本形式构建出的空间在建筑立面上得以体现，大量的空白在内部空间投射出空白空间图案。同样地，隈研吾（Kengo Kuma）先生设计的高崎泊车建筑立面所采用的混凝土和玻璃挡板也使这一建筑别具特色，不同朝向的挡板在建筑表面创造出了各种不同的明暗图案。伦敦展馆路（Pavilion Road）还有一家不起眼的停车场，同样采用了金属百叶覆层，取得了一种与众不同的奇异效果。错层式的楼层设置和室内分布的柱体在黑暗的视野范围内营造出一种只有条形编码漂浮其中的视觉效果。随着视角的变化，停车层和柱子也随之移动，形成干涉的视觉效果，条形图案不断变化。

见 138~141 页案例研究 \\\\\\\\\\\\\\\\\\

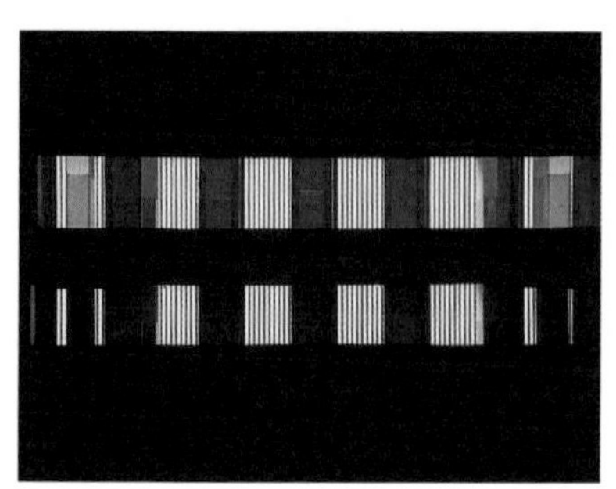

伦敦展馆路

在阿尔伯特·康联合事务所（Albert Kahn Associates）设计的底特律亨利·福特医院（Henry Ford Hospital）停车场项目中，光能够发挥的作用变得尤为明显。停车场内的双曲抛物面垂直混凝土百叶均围绕停车层楼面和上面底面做 90° 旋转，光线和随之形成的阴影构成了白色混凝土板的相撞。纵观这些实例，均采用在立面上打造出干涉图形，营造出立面的光线效果。对停车场而言，照明的作用到了夜间将彻底反转，这些白昼里的黑暗建筑群将变成光源，照亮了各个城市街区。匀质结构和配光装饰了室内空间，到了夜间，人造光源使建筑物更为灵动，对居住环境做出不同的回应。这里所讲到的停车场并不仅仅是一个有光的灯笼，没有窗户、没有家具、也没有人烟。

////////////////////////////////见 159 页

爱德华多·苏托·德·莫拉（Eduardo Souto de Moura）设计的滨海大道地下单层停车场位于葡萄牙马托西纽什市，停车场内的灯光设计十分精致。两面长长的挡土墙围着一个低槽地，墙顶上搭设一连串的横向混凝土梁便于铺设道路面层。站在停车场内，投影缩减的效果将众多的梁压缩成一种布里奇特·赖利（Bridget Riley）式的黑棕色水平线条渐弱图案，线条之间用橙白色光线隔开。横梁之间的筒灯投射出温暖的色调，与头顶连续的横梁结构形成对比。毫无疑问，这是一个停车场建筑，但其中所采用的横梁式构造和灯光效果相结合也足以媲美美术馆。虽然地上停车场与地下停车场存在差异，但都有一个共通点——缺乏光线。

安妮特·纪贡 / 迈克·古耶尔建筑师事务所，温特图尔美术馆，1994~1995 年

不必惊讶，有些建筑师追求的恰恰是与此相反的效果。Marques+Zurkirchen Architekten 事务所设计的卢斯特瑙 Kirchpark 停车场位于 Kirchpark 超级市场顶部，享有部分日照光线。被光线照射的聚碳酸酯底面将整个顶棚转换为一个大型灯具，这是对 20 世纪 60 年代衬乳色玻璃办公建筑顶棚的一项变革。不同于以往的一片黑暗，这一停车场的内部空间洒满了光线。安妮特·纪贡 / 迈克·古耶尔建筑师事务所（Gigon / Guyer Architekten）设计的停车场一直延伸到温特图尔美术馆（1994~1995 年）以下，而其所采用的铸玻覆层使整个内部空间充满了均匀的光线。密集的布置使空气得以在透明的垂直板间流动，身处其中让驾车人员有一种浸入水箱的感觉。在由德国冯·格康、玛格及合伙人建筑师事务所（Von Gerkan，Marg und Partner Architekten）设计的汉堡机场大型圆形停车场（Car-Park Rotundas）中，圆形的平台和中央的螺旋形坡道上的亮度达到了一个非比寻常的强度，光线洒落在混凝土上，让人不禁想起了《2001：太空漫游》中斯坦利·库布里克（Stanley Kubrick）的太空站。从某种程度上来说，这种对光线的追求必定是对“照明”的一种功能反应，但同时也似乎是对光线影响情绪的巨大可能性有了一定认识——黑暗带来恐惧，而光明令人愉悦。我们所体验的亮度有一种精神上的维度，螺旋形坡道可以将你带往另一个不同的层面。

////////////////// 见 186~189 页案例分析

在或水平或倾斜的大进深线形平台和螺旋形坡道这两种空间形式中，后者更适合进行精神上的阐述。欧亨尼奥·苗齐（Eugenio Miozzi）设计的威尼斯错层式线形公共停车场（Autorimessa Comunale）（1931~1934 年）的两个平台正是通过螺旋形坡道相互连通的。这两个平台各六层，头顶上的玻璃顶充分展现了其几何结构。在这里，混凝土与光线完美融合在一起。躺在圆形停车场的地板上，仿佛置身于巴洛克式的教堂里，整个空间和顶棚“犹如雕塑般盘旋而上，汇聚到一个共同的最高点”。[58] 许多泊车建筑沿用了这一早期实例的做法，大多以封

//////////////////////////////// 见 158 页

闭式、覆盖式或露明梯井为中心（如贝朗工厂、汉堡机场和萨斯费停车场），其他一些泊车建筑则采用中心主干悬臂式结构设计（如三角中心）。车辆回转处的规则结构和车辆尺寸决定了停车场采用的螺旋形坡道都是相似的。无论是采用头顶投射还是侧面投射，正是光源从根本上区分了这些空间的品质。

见 170~173 页案例研究

其中明暗对比效果最显著的当属让－米歇尔·维尔莫特（Jean-Michel Wilmotte）、米歇尔·塔奇（Michel Targe）和丹尼尔·布伦（Daniel Buren）设计的法国里昂市的塞勒庭停车场（Parc des Célestins，1994 年）。这个圆形的地下停车场位于策肋定广场（place des Célestins）地下，由两个螺旋形坡道组成。其中一个坡道围绕另一个坡道旋转而下，坡道中心是一个内部井结构，光线从上、下和周围投射进入，照亮此内部结构。结构底部旋转设有圆形斜面镜。井衬有预制混凝土板，板上开设拱窗。光线从外侧螺旋结构——停车场照射到地面和墙上，投射出不断变化的形状，在内部倾斜的垂直面上留下明亮的光线和长长的阴影。其他一些设计试图将光线引入这些大型地下结构的中心，例如大都会建筑事务所（OMA），无论是最初的欧洲里尔商业区（Euralille）皮拉内西空间（Espace Piranésien）项目，还是近期的荷兰海牙地下交通道（Souterrain）项目都以光线为导向；荷兰 UN Studio 建筑事务所在阿纳姆中央车站（Arnhem Centraal）项目中利用 V 形结构雕饰了其公交车库和停车场的剖面，也使用了光线作为导向。这些项目都很少采用直接照明，而是利用光线色调和强度的各种变化创造出自然光照的效果。

见 228~231 页案例研究
见 244~247 页案例研究
见 215 页
见 56~61 页案例研究

拱形停车场十分少见，美国有两个停车场因其光线良好、颇为有趣。保罗·鲁道夫（Paul Rudolph）设计的庙街停车场（1962 年）内，巨大的象柱支撑着连续的平台板向外拱出，形成拱顶，横穿整个平面空间，形成了多个“小房间”。每个房间内悬挂着大型的圆形吊灯，投射出暖光照明。光束穿过弧形拱腹，被混凝土标识板（boardmarking of the concrete）分割成一束束的光与影。斯蒂文·霍尔（Steven Holl）在一个地下两层停车场采用了拱形结构作为屋顶，该停车场沿着美国堪萨斯城纳尔逊艺术博物馆（Nelson-Atkins Museum of Art，2002 年）而建，位于新建倒影池之下，由艺术家瓦尔特·德·玛利亚（Walter de Maria）合作完成。在倒影池池底设有 34 个玻璃眼，白天，日光透过这些玻璃眼流入下方 4.6m 高的拱形停车场内；而到了晚上，这些玻璃眼将发挥与此相反的作用，人造光线将透过玻璃眼在池底流淌，照亮原博物馆门廊前的公共休憩区域。

见 163 页

在欧洲里尔商业区的购物中心内，让·努韦尔（Jean Nouvel）通过设计建造反射与色光结构令大家迷失其中。购物中心各区域分层布置：商场与停车场重叠设置，仅在交界处设置玻璃屏以隔离商场和停车场两大区域。与丹·格雷

让·努韦尔，欧洲里尔商业区，法国里尔，1995 年

厄姆（Dan Graham）的艺术装置一样，主体（观看者）与客体被叠加在一幅画面中。车辆与顾客混合交织在同一个虚拟空间内，商场的明亮空间投射在停车场的黑暗空间内。从城市规划设计的角度来说，伯兹·波特莫斯·拉萨姆（Birds Portchmouth Russum）设计的位于奇切斯特的沙特尔大道（Avenue De Chartres，1991 年）停车场在城墙的扩建部分采用了砖和玻璃砌块构建楼梯间。楼梯间内部被装饰成特定的颜色：红色、黄色、绿色和蓝色。待夜幕降临，这些螺旋状的玻璃砌块将成为夜幕中的彩色灯塔。

在以后的泊车建筑设计中，这些我们业已习惯的特殊低光度将变得不可接受。最佳方案应在无需对内部空间进行装饰美化的前提下，设计出更巧妙的方法实现对这些大进深空间的照明；而最糟糕的方案则是让刺目、单调的光线充斥在停车场内部，洒落在通常被喷刷得很明亮的表面上。在这种亮光重叠的环境下，停车场外的世界看起来像是消失不见，这标志着停车场作为现代世界中特殊的黑暗场所的时代已经结束。停车场内日光照明的装饰图案是一种超乎寻常、独特的美。只有在光线方面有着更高要求的新型结构能够解决物质、立面与光线的问题，方能延续这种美。德国、澳大利亚和瑞士建筑师的近期作品无不强调了这方面技术的重要性。

二元照明系统

光线与无尽的黑暗对比

日光

钠光

荧光

欧亨尼奥·苗齐（Eugenio miozzi）
威尼斯公共停车场（Autorimessa Comunale），
1931~1934 年

现如今，罗马广场（Piazzale Roma）有着众多的停车场，而其中最为出彩的当属苗齐（Miozzi）设计的公共停车场——一栋白色、带水平长窗的装饰艺术建筑。错层式的停车平台通过螺旋坡道连接，透过巨大的天窗照亮。这栋基本对称的建筑物是分为两个阶段建设完成的，其中东北平台和螺旋坡道在第一阶段已经完成。停车平台下部有一个"峡谷"式的拱形停车空间。

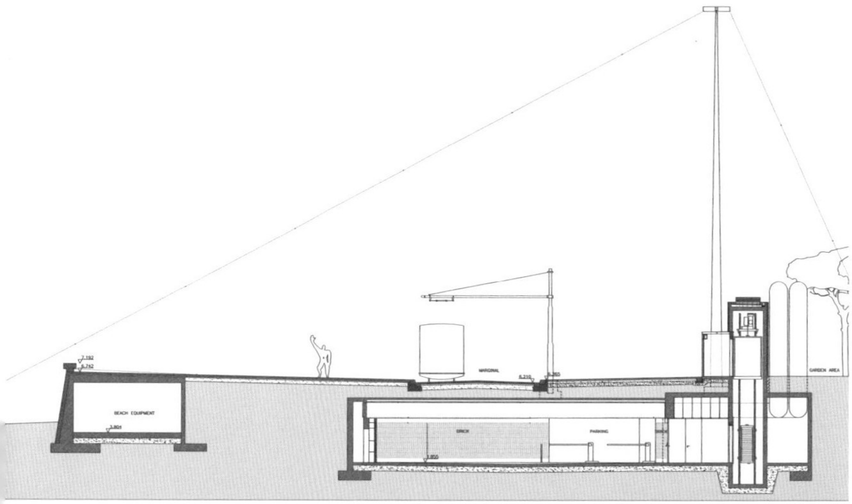

爱德华多·苏托·德·莫拉
葡萄牙马托西纽什市（Marginal de Matosinhos）
停车场，1995~2002 年

海滩后面，是一条 740m×19m 的花岗石海滨大道，标志着太平洋与陆地的分界线。海滨大道下则是一个长约一半的狭长混凝土空间，可容纳 250 辆车辆。重骨料混凝土梁支撑路面赋予了停车场高品质的条纹顶棚，恰好与地面形成对比。地面上，箱型钢结构（电梯）、鼓型结构（通气孔）和玻璃屏（栏杆）都标志着下方停车场优良的性能。

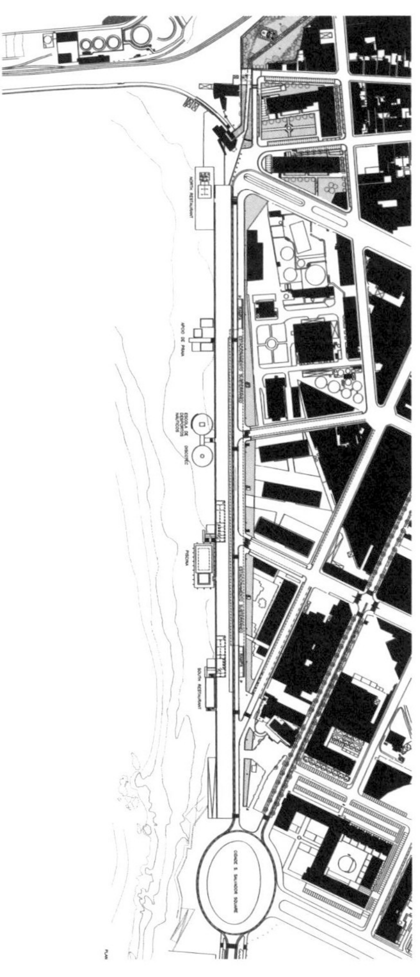

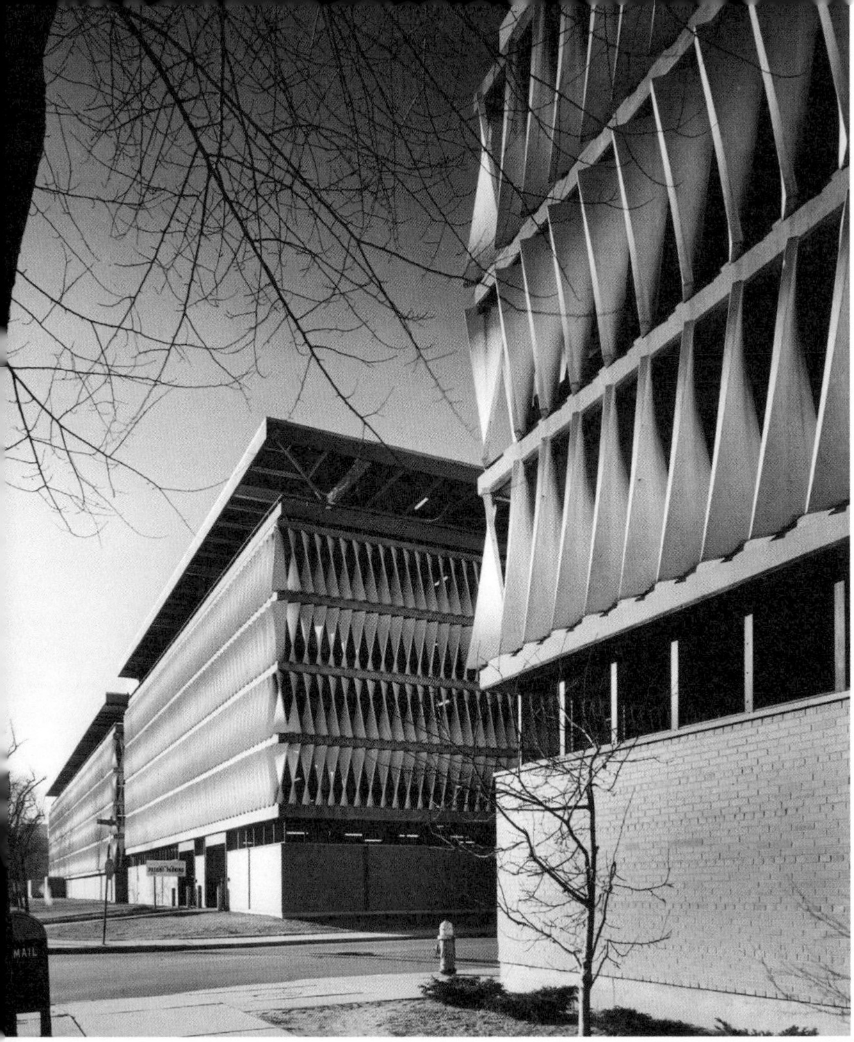

阿尔伯特·卡恩联合事务所（Albert Kahn Associates）
底特律亨利·福特医院（Henry Ford Hospital），1959 年

这座四层停车场整体被混凝土双曲抛物板围绕。这些非结构性的板均为 2.25m×0.6m 规格，跨越于各停车层之间。旋转结构上的光与影干涉图案与 20 世纪 60 年代的迷幻图案设计，尤其是英国画家布里奇特·路易斯·赖利（Bridget Riley）的作品十分相似。停车场采用的混凝土中含有石英，增强了光的强度。

FIRST FLOOR PLAN

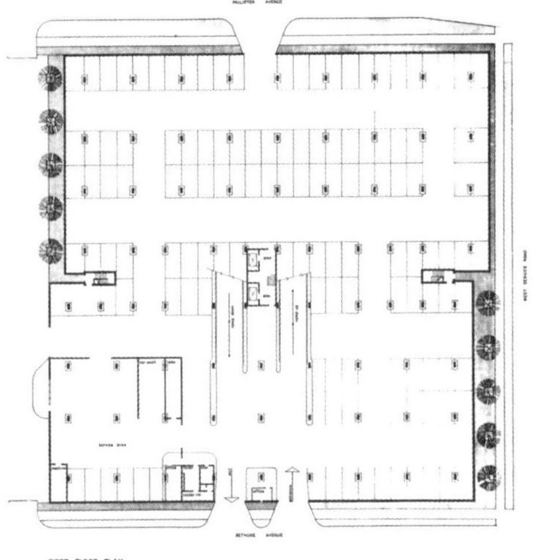

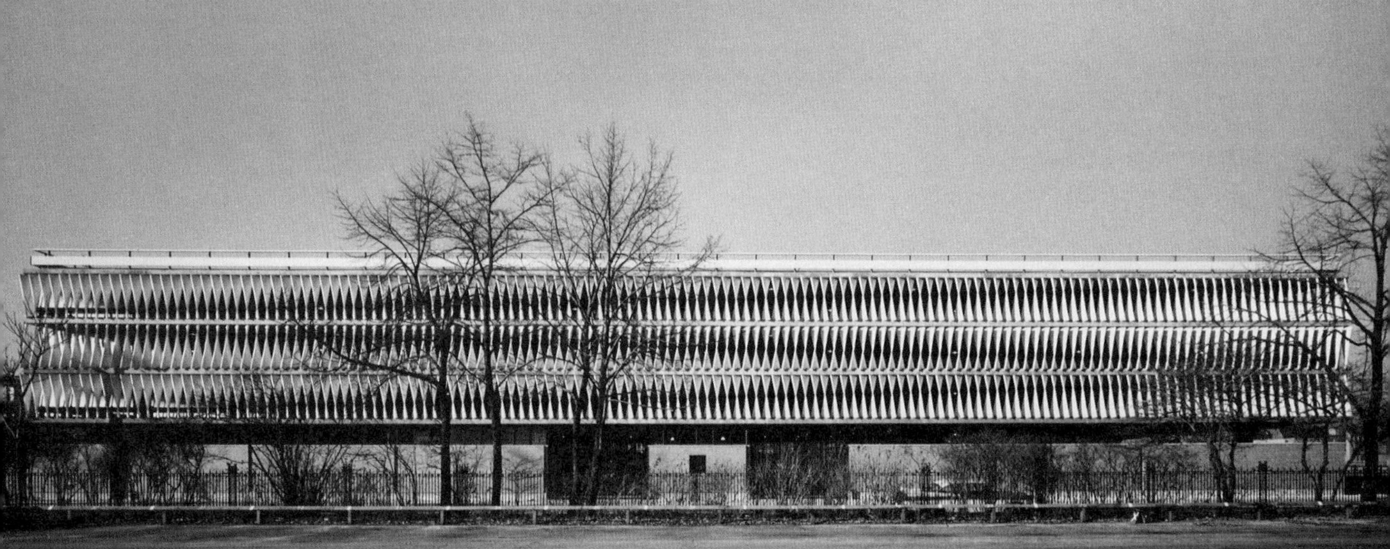

Ingenhoven Overdiek Architekten 建筑事务所
奥芬堡 Burda Parkhaus 停车场，2000~2002 年

Burda Parkhaus 停车场位于一处办公园区内，采用钢结构支撑预制圆形混凝土停车平台。中央鼓型结构和螺旋坡道采用现浇混凝土制成；立面和顶棚采用拉索支撑银灰色美国松木装配而成。恰如阿尔伯特·卡恩（Albert Kahn）40 年前的做法一样，Ingenhoven Overdiek Architekten 的建筑师也采用了重复图案创造光学效果。在这一设计中，幕的纹理更加清晰，并与鼓型结构的面层相互呼应。

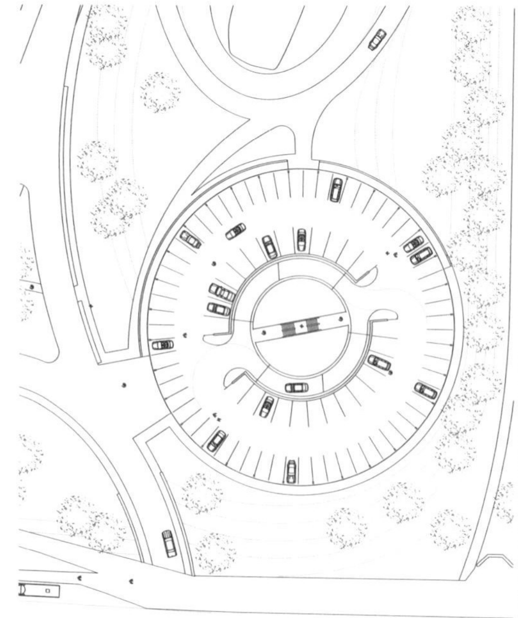

斯蒂文·霍尔建筑事务所（Steven Holl Architects）
+ 沃尔特·德·玛利亚（Walter de Maria）
美国堪萨斯城纳尔逊艺术博物馆（Nelson-Atkins Museum of Art），2002 年

这座地下两层停车场位于 J.C. Nichols 广场（J.C. Nichols Plaza）和新建倒影池下，可容纳 453 辆车辆。池底的 34 个玻璃眼将拱形上层停车平台与倒影池联系起来，透过玻璃眼不仅让光线洒满停车场，而当夜幕降临，倒影池也将被照亮。

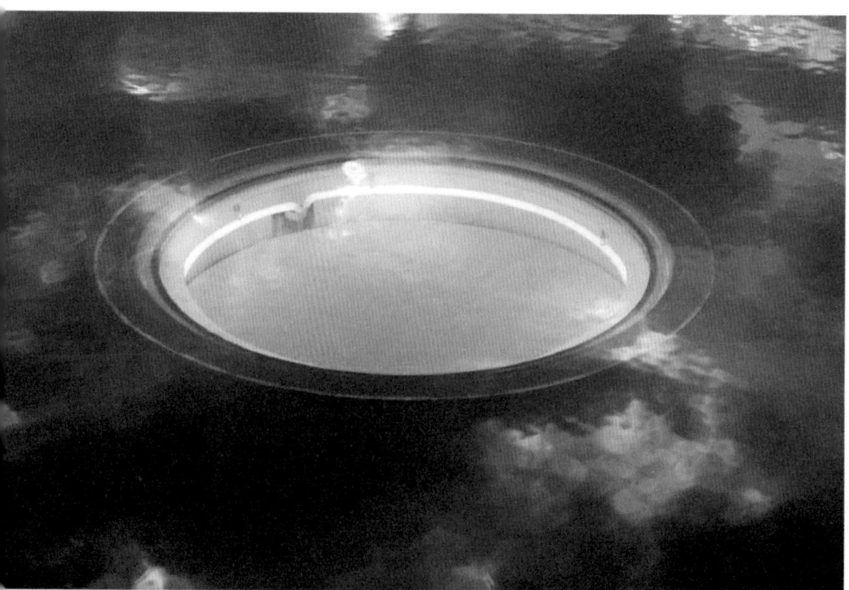

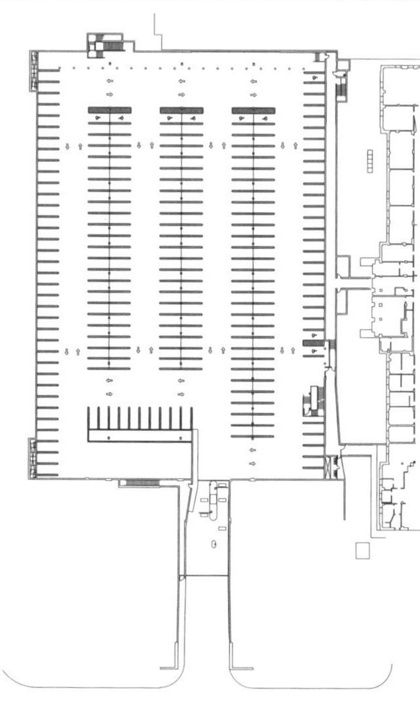

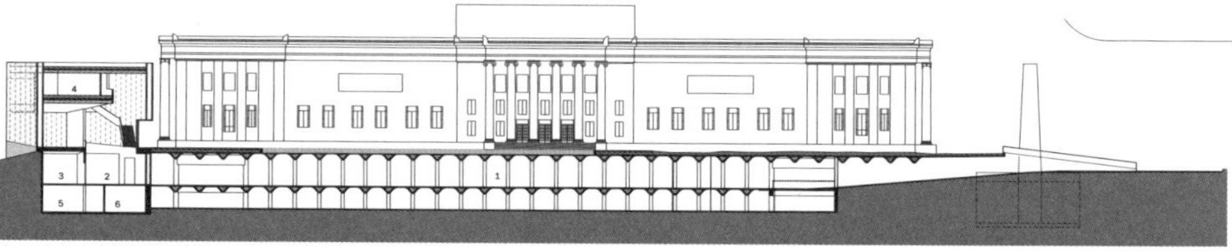

Marques + Zurkirchen Architekten 事务所
卢斯特瑙 Marktzentrum Kirchpark，1990 年

Marktzentrum Kirchpark 由超级市场、商店和停车场组成，毗邻 Daniele Marques 与 Bruno Zurkirchen 新城市广场。设计采用的挑出屋顶与让・努韦尔（Jean Nouvel）设计的卢塞恩文化国际会议中心项目十分相似，但明显早于后者设计，挑出的巨大屋顶覆盖了广场上的每周集市和超市上面的停车场。Kirchpark 停车场的立面和顶棚底部均采用聚碳酸酯材料包覆，到了夜间，建筑立面和顶棚，尤其是顶棚将变身为一个城市照明器。

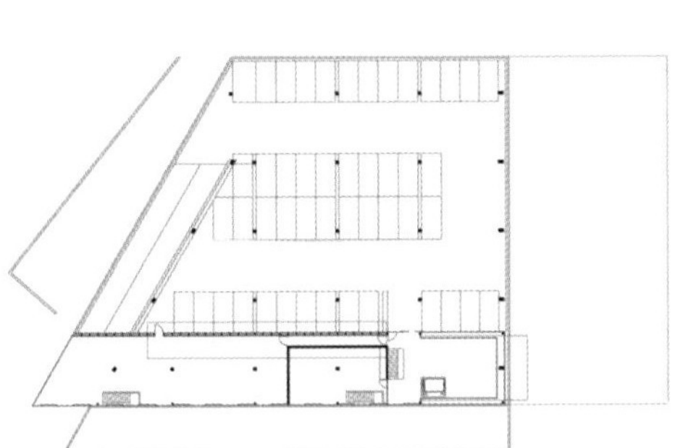

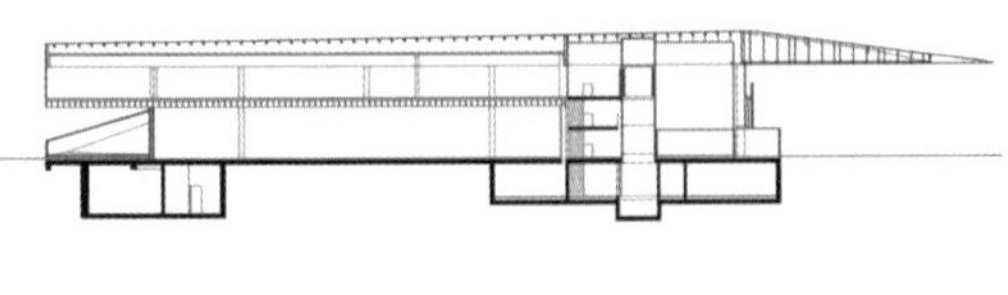

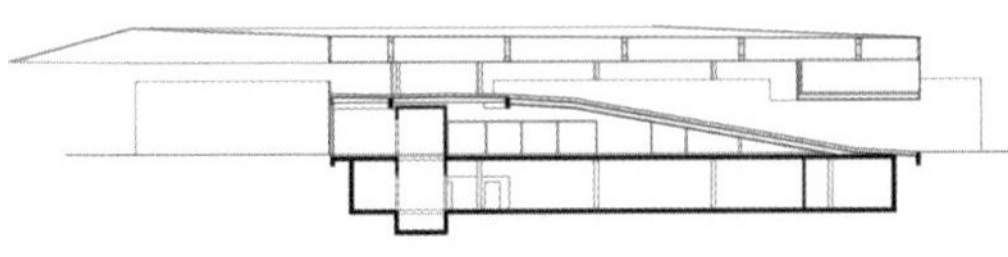

案例研究

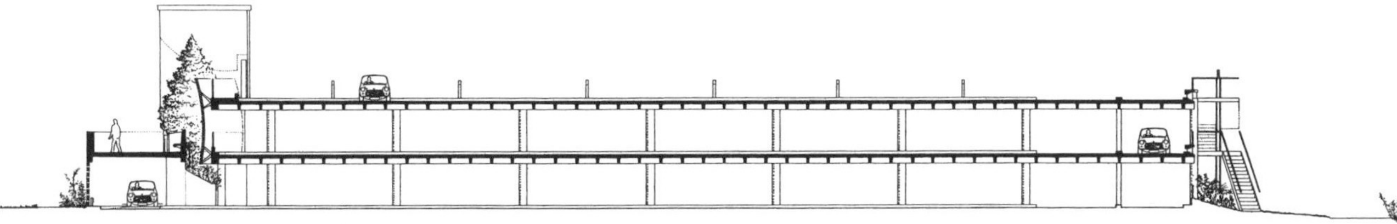

伯兹·波特莫斯·拉萨姆（Birds Portchmouth Russum）
奇切斯特沙特尔大道（Avenue De Chartres）停车场，1991 年

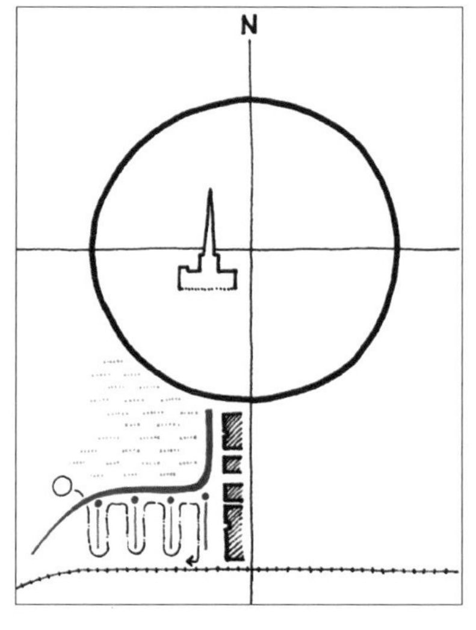

奇切斯特靠近英国南海岸，是一个城墙围绕的中世纪古城。城市的主要街道沿南北、东西向布置。到了 20 世纪，城墙无法承受进一步的发展，建筑物开始朝着火车站向南扩展。伯兹·波特莫斯·拉萨姆（Birds Portchmouth Russum）的奇切斯特沙特尔大道停车场在 20 世纪 80 年代末的设计竞赛中获胜，奇切斯特沙特尔大道（Avenue De Chartres）停车场延伸了旧城墙，建立了新城墙，改写了奇切斯特沙特尔大道的历史，重新定义了这座城市，延续了城墙周围的发展。

沙特尔大道停车场项目是为数不多的反映了关注汽车精神的现代停车建筑之一，与传统停车场截然不同。迈克尔·拉萨姆（Michael Russum）将其描述为“对汽车的一种神化”。他指出，在“撒切尔时代（the Thatcherite Era），当时还没有兴建任何公共建筑”，提议建设一座停车场、委托设计一座“可以容纳私人汽车的公共建筑”是很罕见的。[59] 拉萨姆注意到了这一矛盾之处。建筑师旨在建设一个可以体现“公共建筑的尊贵和地位的建筑结构，将驾车的优势转移给行人”。驾驶者通常都无法轻松、便捷地往返于车辆之间，他们往往找不到出口，而等到返回停车场时，又记不住车到底停在了哪。而沙特尔大道停车场的情况则不同。

整个建筑被设计成两个部分，一条蜿蜒的城墙与一座三层停车建筑将旅游

“设计元素”：预制混凝土停车层

车停车场与市中心联系在一起。这座建筑是采用被建筑师称为“定制元素”和“设计元素”建设而成的。其中“设计元素”包含了标准预制混凝土停车层，停车层在墙后以平缓弧度呈扇形展开，采用锥形胶状铺面铺砌至墙体。四条道路采用了红、黄、绿、蓝四种不同的颜色，帮助驾车人员记住泊车点。在墙体处，所有的道路都通向一座带螺旋楼梯的塔楼，也就是历史上的“堡垒”。在塔楼中，驾车人员上下楼梯都能找到通向城市的路，每条道路的颜色在相应塔楼的螺旋形玻璃块呈现出来。其中一套采用中世纪投影风格的竞赛图纸展示了在停车场看向大教堂、城墙和护城河的景象。

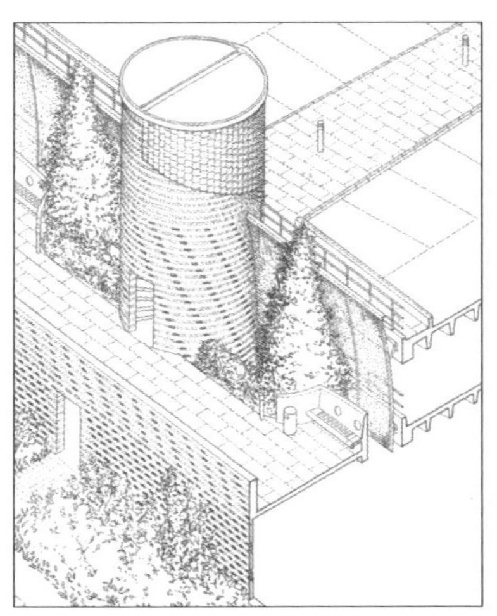

城墙沿用了当地传统做法，采用橙色次烧砖嵌入蓝色烧结砖制成。为确保建筑下层通风顺畅，需采用贯穿设计，而建筑师在城墙设计中所采用的橙色次烧砖嵌入蓝色烧结砖组合正是对这一主题的延续，创造了蜂巢状的砖结构，沿着城墙向大门延伸。建筑物上层回归了烧结砖形式，沿着塔楼表面盘旋而上。城墙上开了大量的孔洞，既有颇具“城市特色”的桥形孔洞，也有更为常见的可供人行道和自行车道穿过的方形孔洞。桥形孔洞从停车场剥离，成为通往奇切斯特的新大门；另一种传统的拱形孔洞形成了流线通道。还有一种开孔带有微型圆柱，成了通往停车场的入口。此外，细节设计部分还展示了神学元素，比如为中世纪画作中所描述的绕城墙走动的巨人而“设计”的长凳，和浇筑着三个合伙人头像的石像等等。

拉萨姆意识到，奇切斯特沙特尔大道停车场项目的设计所处的社会时期，正是对在敏感位置修建较为粗俗残暴的工程建筑感到羞耻的时代，至少在英国是这样。因此，在规划这座停车场时，首要考虑的便是把其定位成一座履行公共职能的公共建筑。整齐有序的堡垒和树木指引着沿亚壁古道（Via Appia）通向罗马的道路，这是一条礼仪之路，为奇切斯特创造了新的神话，在重新定义这座城市的过程中重塑了它的历史。在与停车场分离和穿过道路的地方，桥形孔洞成了通向城市的大门。在这里，类似罗马图拉真圆柱（Trajan’s Column）的独立混凝土柱见证了建设这座停车场的战役，停车场的建设正是城市进步概念的结果。

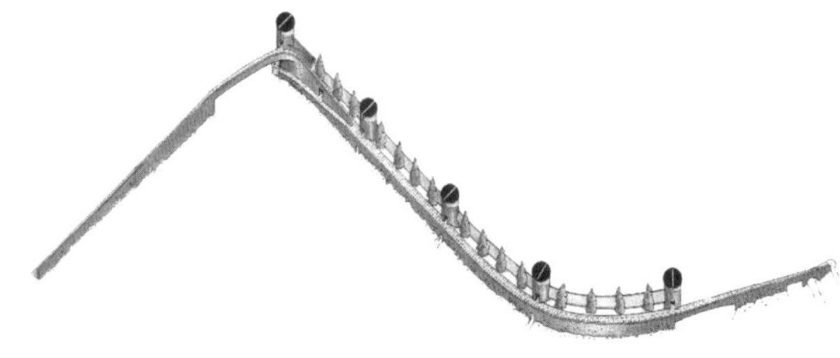

米歇尔·塔奇（Michel Targe）、让－米歇尔·维尔莫特（Jean-Michel Wilmotte）和丹尼尔·布伦（Daniel Buren）
法国里昂塞勒庭停车场（Parc des Célestins），1994 年

在十多年的时间里，里昂在众多广场和码头下建设了足以容纳成千上万车辆的地下停车场。每建设一座新的停车场，景观设计师和艺术家都会对地面上相应的广场进行改造。这种建设浪潮亦是属于包括公共自行车棚、电动公交车和电动车充电站在内的广泛绿色交通政策的一部分。

里昂已经建设完成了 20 多座地下停车场，每一次修建都面临着复杂的工程挑战，但有一次例外，就是位于策肋定广场（place des Célestins）下的塞勒庭停车场（Parc des Célestins）。这座有 435 个车位的停车场极为精妙，当寻找这一特殊停车场时，绿色交通政策的成功也体现得愈发明显。停车建筑网这一伟大的基础设施虽然入侵了这座城市，但实际被隐藏在了暗处。一条笔直的坡道从狭窄的街道接入此地下停车场，坡道表面在通向地下空间前端处趋于平缓。就在此处，整个平面旋转而下，指引着汽车来到城市 22m 以下的地下世界。泊车坡道平面呈圆形，十分宽敞，足以容纳车道和两侧呈梯队排列的停车位。沿坡道周长（直径 53m）布置着三个同轴混凝土鼓形结构的第一个，这三个鼓形结构和谐一致；第二个鼓形结构位于中间，呈反方向旋转而上，用于分离泊车坡道与出口匝道；之后是第三个鼓形结构，位于中心。

但塞勒庭停车场引人注意的，既不是它的几何结构，也不是其开挖规模，这两点早在 20 世纪 60 年代，在位于伦敦布卢姆茨伯里广场（Bloomsbury Square）下的双螺旋停车场便可窥见一斑。这座停车场真正引人注目的，恰恰是停车场表面巧妙的明暗对比。建筑表面的弧形结构构出了别样的景象，坡道的螺旋形斜面在同轴结构层间穿梭，将塞勒庭停车场打造成了一个风格奇异的构筑物。构筑物正中央是一个七层的柱状空间，呈中央鼓形结构，平面上可划分为 14 个部分，各部

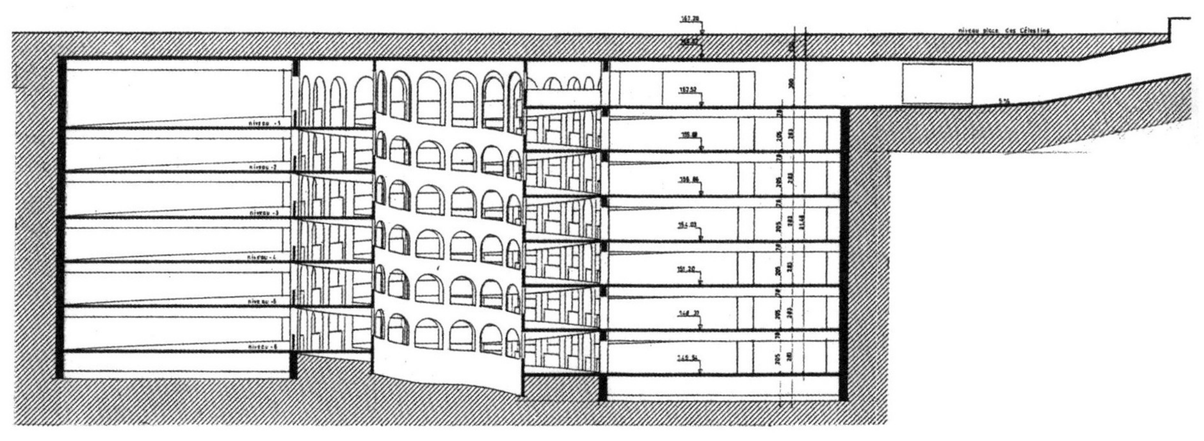

分为一块中间呈拱形的预制混凝土板。随着平面旋转，混凝土板随之逐层上升；中间的鼓形结构同样被划分为 28 块逐层上升的板。从平面设计图上来看，板上的拱形似乎有点矫揉造作，偏向后现代，设计风格过于保守；但从实际建筑来看，正是这些连续的拱形设计缔造了一个戏剧性的恐怖邂逅,可以与皮拉内西(Piranesi)的作品《卡西里 · 德 · 英芬辛内》(Carceri · d'Invenzione，1745 年) 相媲美。

然而对建筑物的这种感知是通过记忆和切身体会，而非建筑工程本身。停车场的中央区域被大范围的从上部人工照亮，恰似一口露天井。中央鼓形结构上拱形孔洞的钢筋可以防止驾车人员越过外面的出口匝道上，而身处其间的平台和光线限制了人们的视线，只有当人们顺着坡道旋转而上时，视线才不会受阻。中央鼓形结构的基础部分旋转设有圆形斜面镜，不断改变着投射到停车场表面光线形状。而在建筑内部，驾驶者完全感觉不到镜子的存在；只有在停车场地面上停留的行人感到好奇时，从潜望镜才能直接看到停车场的中央空间和旋转镜子所产生的效果。

塞勒庭停车场是一座反巴别塔的建筑，令人恐惧的同时却又令人心情愉悦。正是停车场在平面（圆形）和立面（拱形）上几何形状的一致性和明暗搭配，再加上人们对深度和监禁的认知，使这座停车场完全从平常的泊车行为分离了出来。从这一方面来说，这无疑是一个理智与想象结合的独特产物。

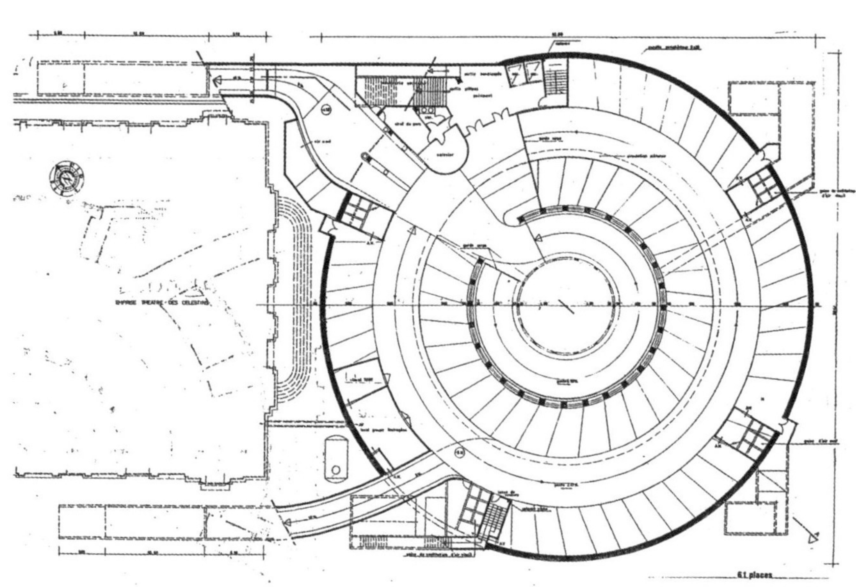

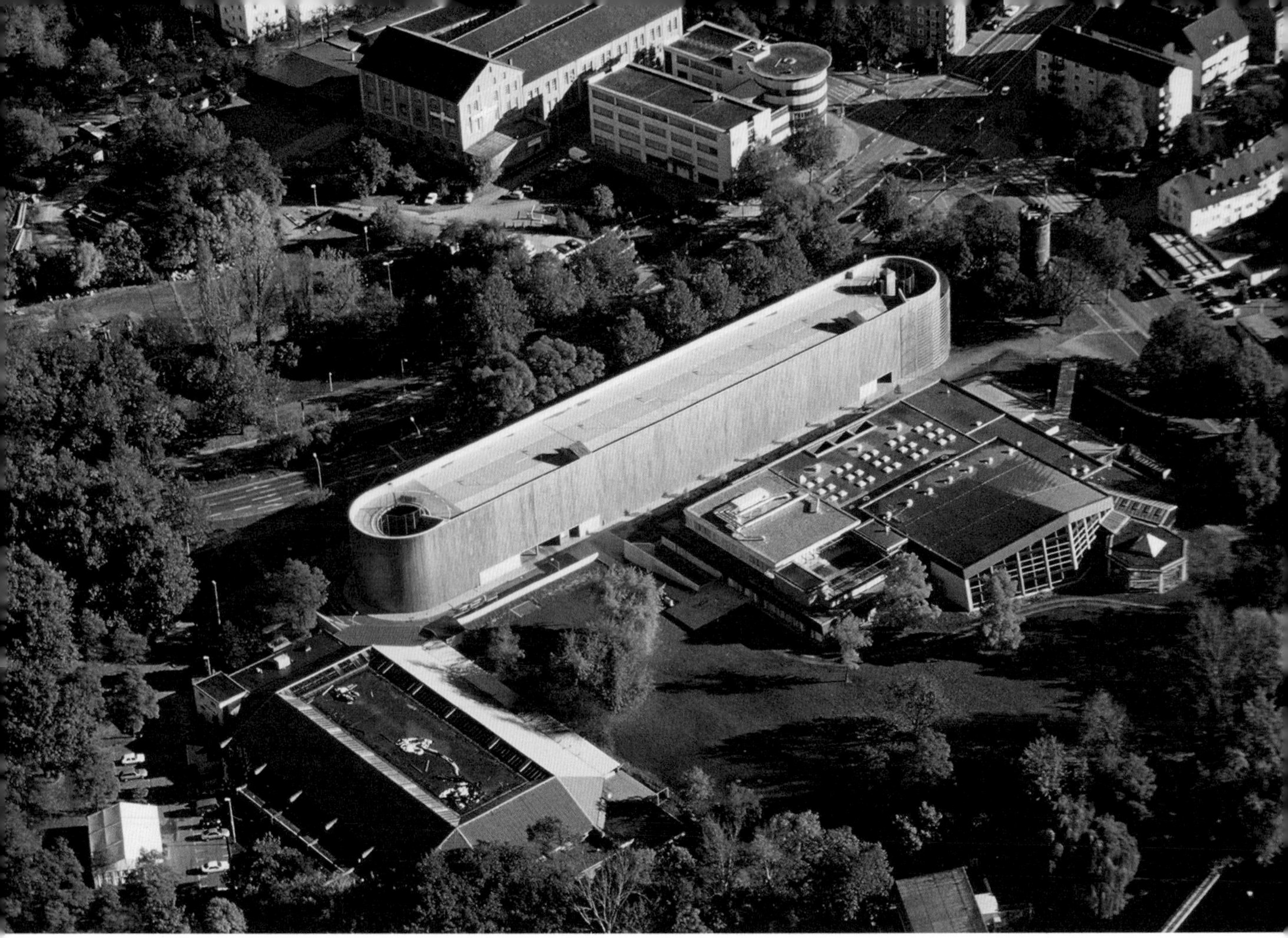

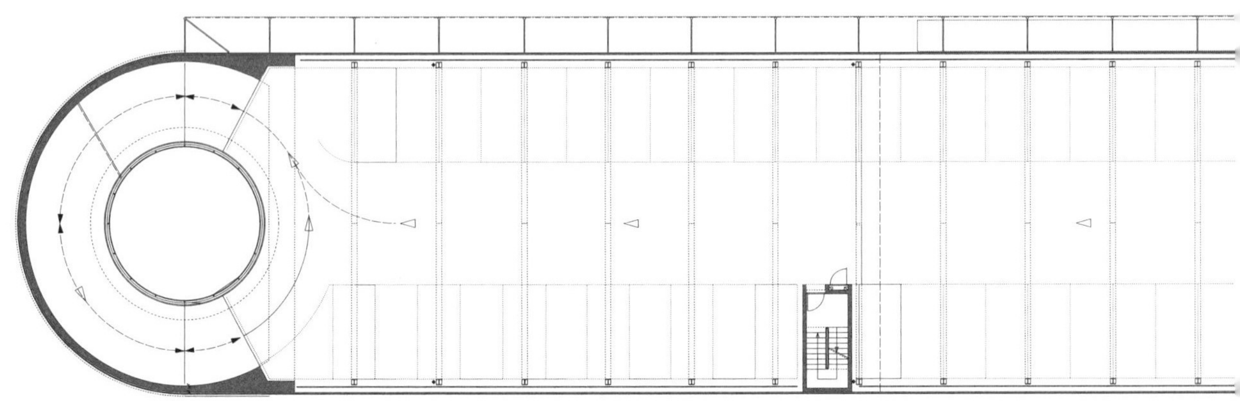

马勒·福克斯（Mahler Günster Fuchs）
德国海尔布隆波尔瓦克斯图姆停车场（Parkhaus am Bollwerksturm，1997~1998 年）

波尔瓦克斯图姆停车场是一座狭长的整体建筑，采用木质带网状包层立面，高五层，共计 500 个停车位。停车场的名字和造型来源于所处位置的一座历史堡垒，某种程度上达到了一种几何形状意义上的完美。停车场的造型、包层和照明均呈线型，具有三大明显特征：尺寸、包覆良好的立面和内部产生的光线。停车场长达 137.5m 的平面构架是造就极致简单的结构的关键。整个停车场只有一条中心车道，两旁为停车点，车道宽 18.5m，尺寸与螺旋形坡道保持一致，两端为半圆形。建筑采用松木型材包覆，型材宽 4cm，间距 6cm。停车场内部黑暗一片，但松木型材之间投射进来的垂直光线却将其均匀照亮，形成了一个棕白条纹的色彩世界。精美的松木型材柔化了停车场的外部形态。

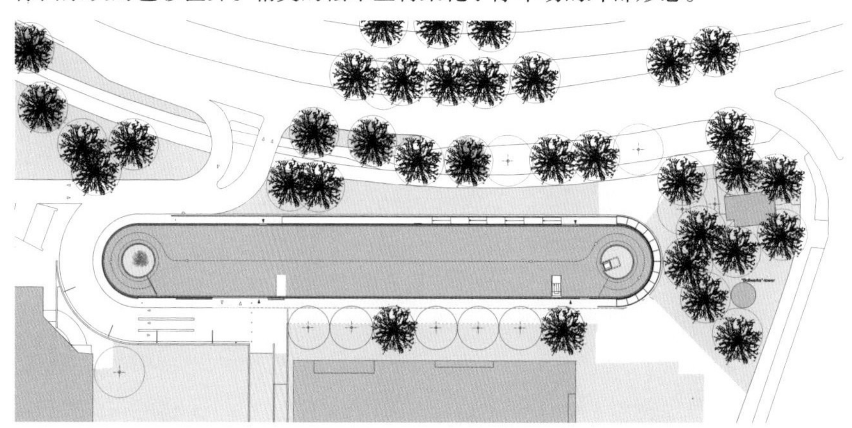

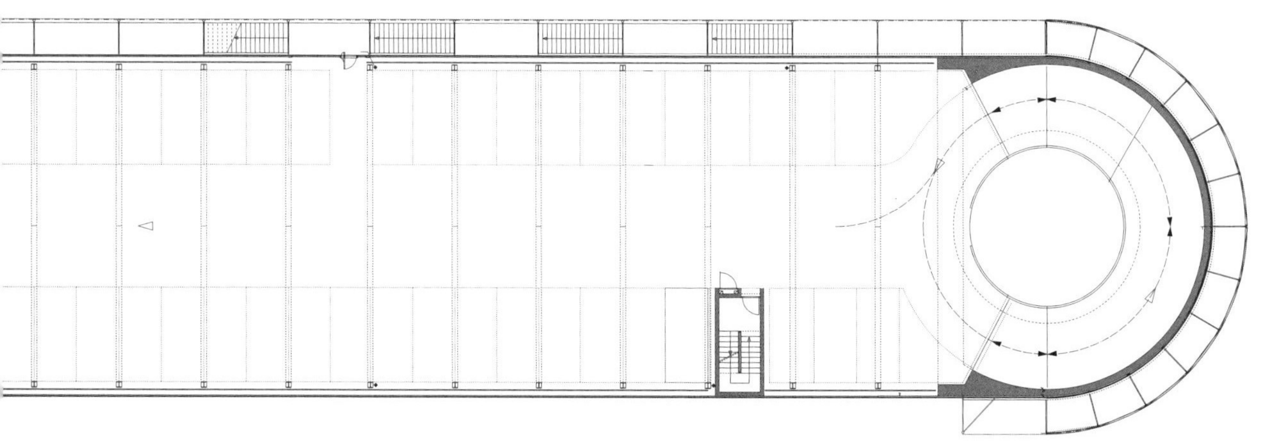

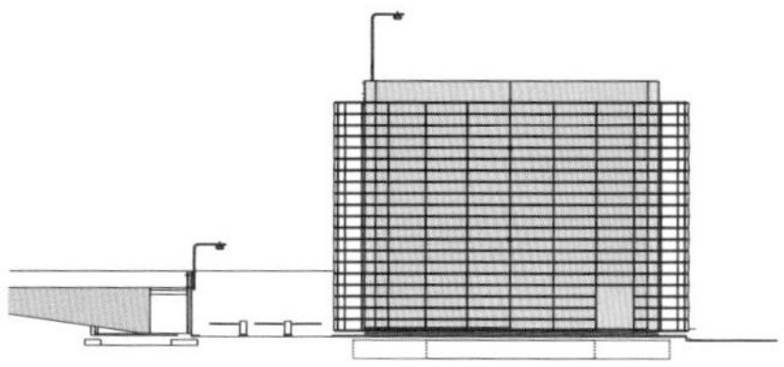

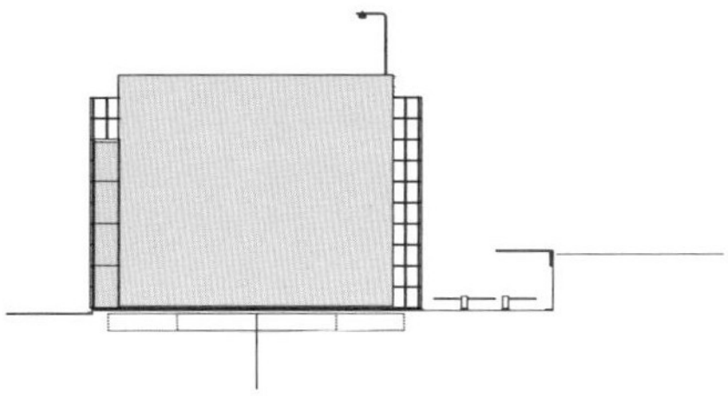

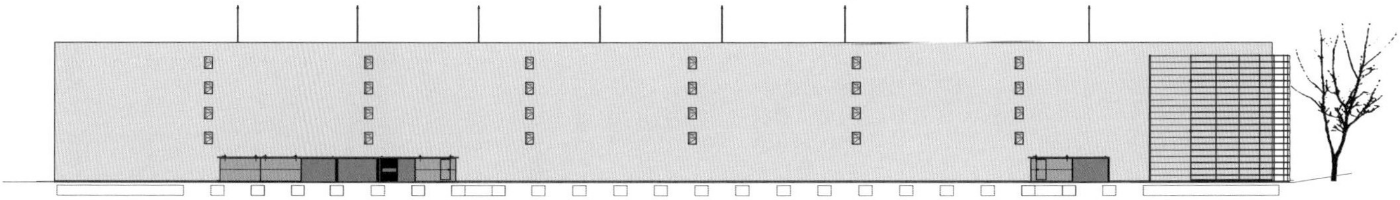

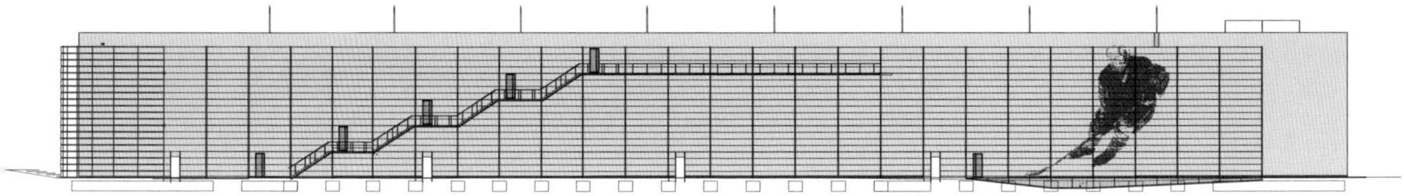

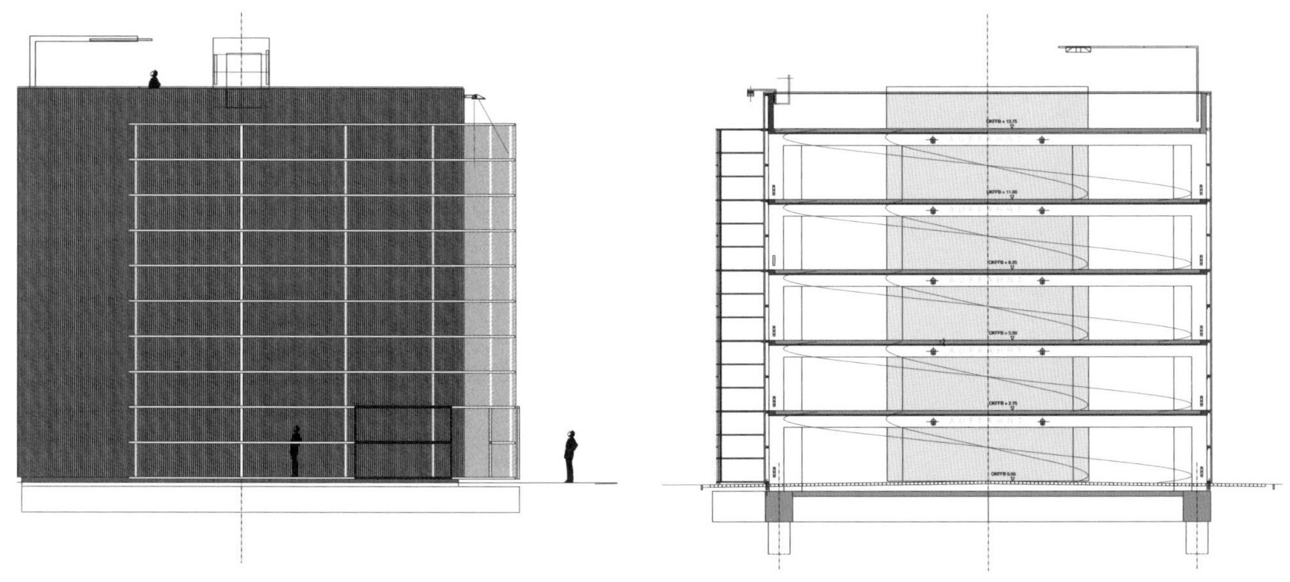

AUSGANG

建筑师摈弃了战后建筑厚重且更为标准化、模块化的秩序。停车场毗邻双车道，靠近海尔布隆市中心，沿着停车场西侧的半圆形端部绕行即可驶入停车场泊车。从道路驶入停车场的西侧入口模仿农村建筑采用厚重的滑动木门，停车场另一端的行人主入口和收费站也采用了相同的设计。停车场南面是平整的松木包覆面，而北侧的街边松木立面则覆盖着直线形楼梯，楼梯外则采用了类似于弗兰克·盖里（Frank Gehry）在洛杉矶圣莫尼卡广场（Santa Monica Place）中所采用的网眼状金属护网。停车场各层在开启位置均设有当地规格的单开门，由此可进入楼梯，离开停车场。虽然室外混凝土台阶和金属护网都经过了精细地设计，但未能改变单金属网作为一种平实的工业材料的性质，无法体现松木屏障的简约抽象之美。相比之下，停车场南面平整的大型松木立面显得更为神秘，立面所采用的密度和材料使得人们从外表丝毫看不出建筑物的功能。虽然规模也是揭示建筑物类型的一项指标因素，但这座停车场明显不是。

停车场内部设有一排（共计 23 个）门式钢架，支撑着跨越了整个停车层的预制混凝土板。除了位于平面南端位置的两个现浇混凝土疏散楼梯外，梁柱结构使整个停车场内部空间形成了一种秩序。在停车场的南北两端设有现浇混凝土螺旋形坡道，坡道支撑着钢架，被头顶的光线照亮。螺旋形坡道中央的中空部分种有植物，让头顶的光线由白转绿，洒落坡道。波尔瓦克斯图姆停车场实在是出奇的简单，正如建筑师所言：“停车场安静、简单而规矩的形式正好展示并凸显了与停车场自然而鲜活的树木结构之间的对比。”[60] 从技术方面来说，波尔瓦克斯图姆停车场给人留下了一种高度发展的印象。停车场的规模像是对车辆尺寸和转弯半径精确计算得出的结果，而停车场精致的百叶式立面则是为了确保良好的空气对流的产物。

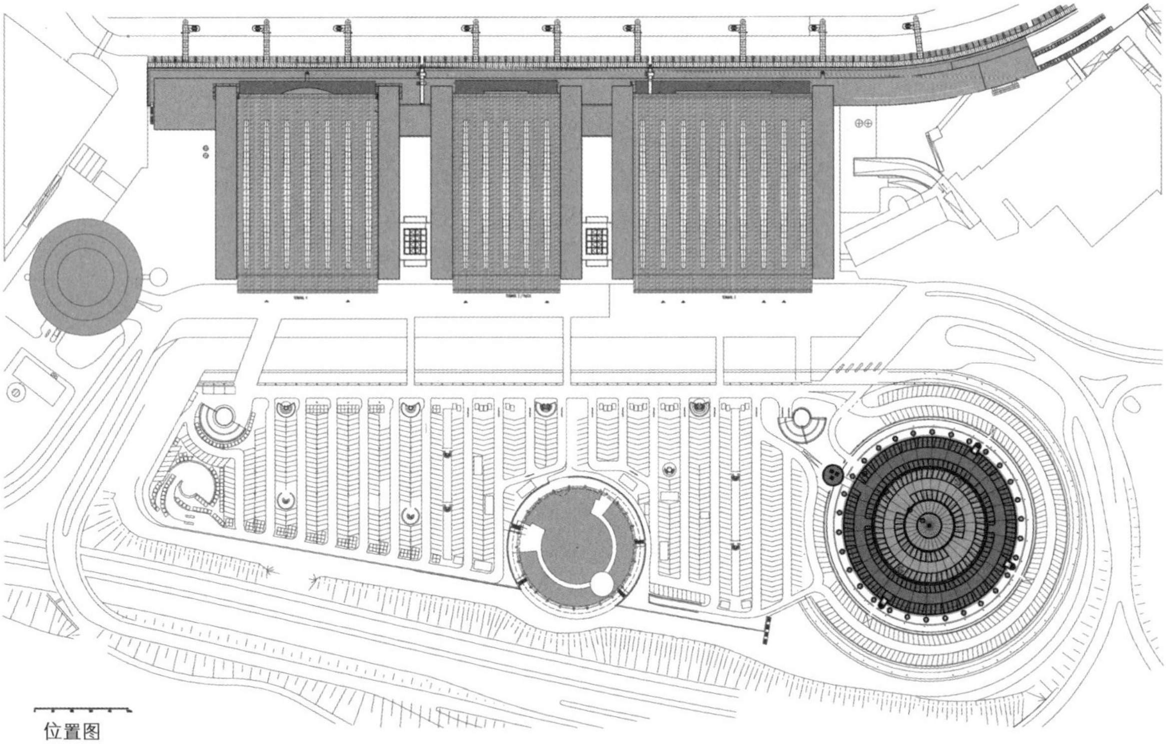

位置图

德国冯·格康、玛格及合伙人建筑师事务所（Von Gerkan，Marg und Partner Architekten）
德国汉堡机场圆形停车场（Car-Park Rotundas，1990~2002 年）

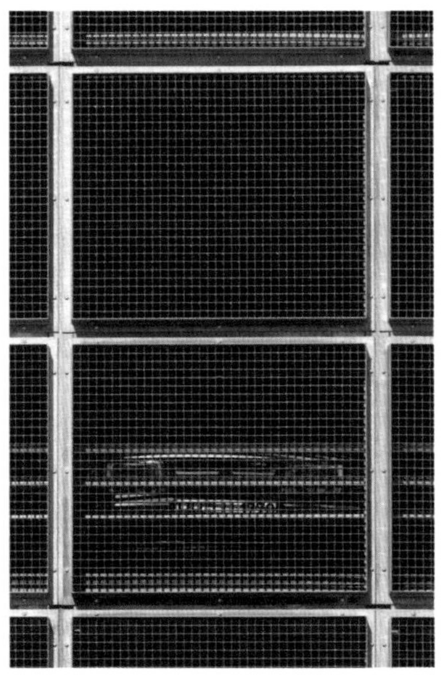

飞行是一种会令人失去方向的体验，无论是去往城市郊区的“机场”，还是前往田园生活被各种疯狂活动所取代的遥远乡村小镇，旅行的第一站总与飞行有关。机场有着供飞机和车辆使用的数英亩的柏油路面，中央矗立着航站楼等大型翼状建筑物。除了一大一小两个筒仓外，汉堡机场似乎与其他机场并无不同。两个筒仓设计共容纳约 3000 辆车辆。这一大一小两个圆形停车场由德国冯·格康、玛格及合伙人建筑师事务所设计，矗立在新建航站楼前面。

同轴平面的使用提及了建筑历史学家阿尔伯托·佩雷兹－戈麦兹（Alberto Pérez-Gómez）在法国建筑师艾蒂安·路易·布雷（Etienne-Louis Boullée）和克劳德·尼古拉斯·勒杜（Claude-Nicolas Ledoux）理想化的理论作品中所定义的“象征性几何学”。[61] 其中九层高的小型圆形停车场完成于 1990 年，直径 61m，容纳了 800 个停车位。12 年后，汉堡机场建成了一座十层高、直径 92m 的大型圆形停车场，提供了 2115 个停车位。从远处来看，方钢框架中的镀锌钢格架将两个停车场连在一起，并为隐蔽停车场内部秩序的径向混凝土构架提供了遮蔽。

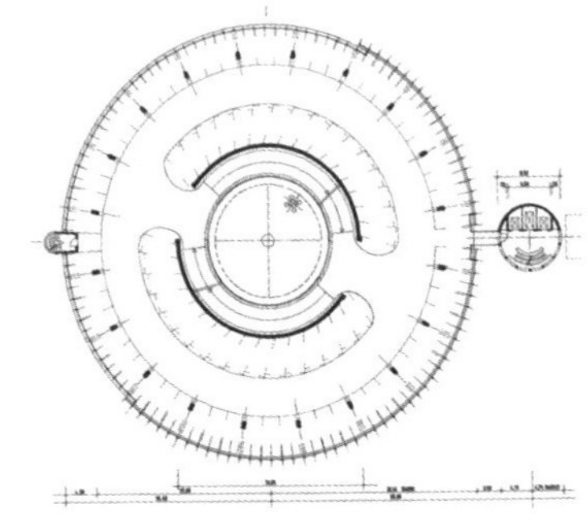

小型圆形停车场采用一条单向通道，车道内外两侧均设有停车位。在这座圆柱形构筑物的中心，入口匝道和出口匝道以一种极为精致的双螺旋构造盘绕在一起，通过栏杆的上升线条标示出来。螺旋形坡道与同轴停车层之间设有一个现浇混凝土鼓形结构，混凝土板由此跨至以 18° 间隔设置的 20 根柱子上。柱子在距离边界约 3m 处设置，创造出一种有效的悬挑结构；柱子间距约 7.5m，与三大泊车模块相符。大体而言，停车层主要依靠周边的隔栅射入的散射光照明，从而为停车层拱腹提供强烈的反射光照明。电梯井另一端未设金属网，以便展现“板－间隙－板”的重复剖面设计。这里，停车场立面的特点均体现在立柱和居中密集设置的水平轨道栏杆上。

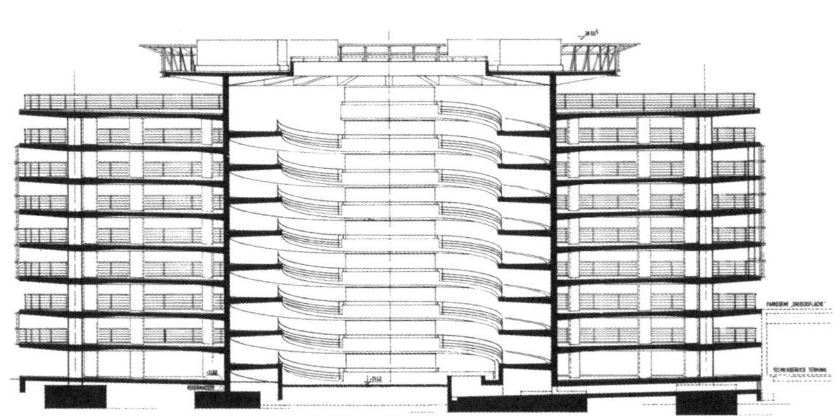

相比之下，大型的圆形停车场（“老大哥”）则采用了宽 35m 的同轴停车层，停车层围绕直径 23m 的中央螺旋形坡道而设，十分宽敞，足以容纳两条车道，车道两侧均设有泊车位。在小型圆形停车场内，中央区域与边界区域之间仅可首尾相接停放两辆汽车，而大型圆形停车场的设计则可停放四辆汽车。相应地，大型圆形停车场也就要求设有更多柱子，中央区域呈梯形设有一圈柱子，中间与外围的柱子按 12° 间隔设置，中间环上的两个泊车湾间距 5m，而边界上的三个泊车湾则间距约 7.5m。相较于小型圆形停车场而言，大型圆形停车场内的柱子距边界更近，因此无论白天还是黑夜，这些柱子从外面来看都显而易见。停车场内的现浇放射支撑梁厚度从 13~17cm 不等，依次支撑着现浇板。肋形楼板梁厚度从 27~74cm 不等，营造出一种褶皱拱腹的效果，梁在围绕着中央鼓形结构的柱子上收拢聚合，更加强化了这一效果。梯形柱子与设有坡道的混凝土鼓形结构之间设有排气管。建筑师着重考虑了方法的结构经济性和可以提高安全性的明亮内部面层。不同于小型圆形停车场的露石混凝土和暗黑面层，大型圆形停车场采用的是涂白设计，十分引人注目。这个如天堂般的存在的实体建筑，不禁令人回想起萨尔瓦多·达利（Salvador Dalí）创造的黑白好莱坞梦幻场景。

ahrt - Exit ↑ P

到了中央鼓形结构内部，地平线与实体建筑、连同焦急的过客以及他们刚刚经历的飞驰感觉都将烟消云散。驾驶者到达了另外一个地方，一个高挑的、露天的圆形房间，透过屋顶的圆孔便可看见房间内部，圆孔与坡道围绕的中空区域直径一致。坡道，沿着护栏的优美线条，旋转。在这里，会唤起人们许多的联想，从艾蒂安·路易·布雷设计的纪念馆（未建成）的体量和几何构造，到詹姆斯·特瑞尔（James Turrell）作品所描述空间的性质和规模，再到詹姆斯·特瑞尔（James Turrell）【观天（Skyspaces）】系列作品。实际上，只有对事情充满好奇心的游客才能感受到“观天”作品的存在，因为这种体验需要他们在通往办理登记手续柜台的路上，将背包扔在柏油路上，平躺在区域中心，才能感受得到。

这两个停车建筑的美源于各平面中心所体现的几何约束，从中心向停车场边界，这一约束逐渐被现实生活中的种种常识打破。设计所采用的主从空间（服务性与使用性空间）充分阐明了这一点，使电梯井与楼梯间以一种独立构建形式相互连接着，从两个泊车建筑中掩映而出。当然，这种设计是必有其原因：停车场的进入和离开通道（电梯和楼梯）需使离开的驾驶者尽量远离泊车处。这也就使这一大一小两座圆形停车场充分描绘了理想与现实之间的两分法。凸显机场螺旋形坡道与其他示例不同的，正是建筑物中心升降区的同轴平面，这与 Ingenhoven Overdiek Architekten 建筑事务所设计的奥芬堡 Burda Parkhaus 停车场有异曲同工之妙。当抬眼瞥见停车场的新巴洛克式吊顶时，这一平面设计赋予了建筑物上升区更精彩的时刻，我们将看到在混凝土容器中流动的液态天空。在停车场的穹顶之眼下，宽敞的鼓形空间追逐着太阳，保持着与气候一致的步伐，而驾驶者穿梭其间，来来往往。在两个圆形停车场中心，这些鼓形结构无疑是僻静之所，只有众多盘旋而上的汽车才能给这里带来生气与活力。

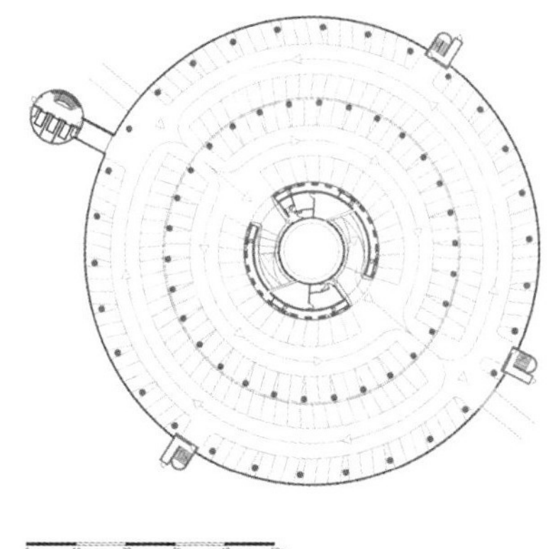

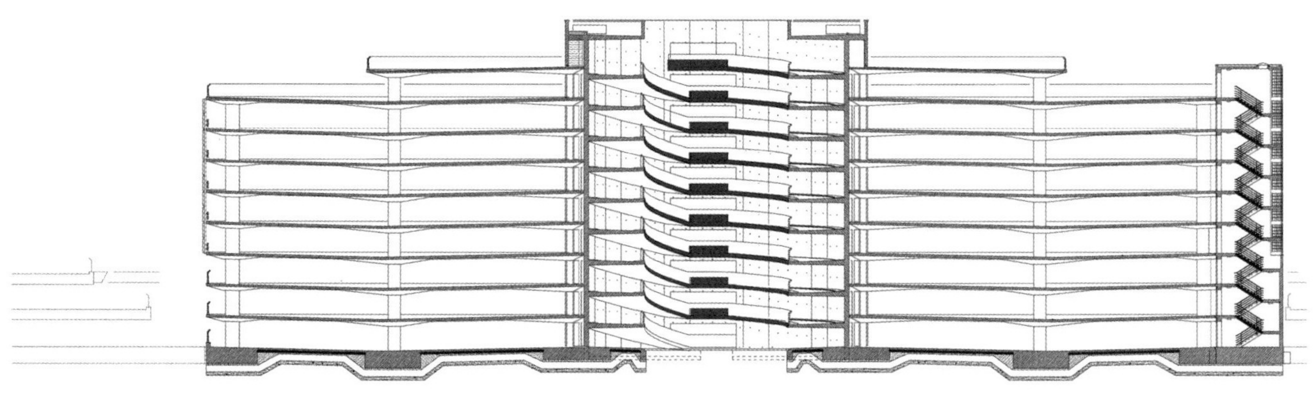

4 倾斜度

创新和规划实验

60
HUMBUG

12

One Way

倾斜度

“坡道”、“斜面”、“倾斜”、“斜线”、“斜坡”、“下坡”、“陡坡”、“陡坎”和“升高”这些措辞均在描述一种与平整无关的状态。倾斜可以用于形容地形、铁路和公路的某种特性，对定位定向有所助益。而其他用词如“翘起”和“侧倾”则描述了一种倒塌的状态。因此语言表述能够启发我们对于倾斜物的理解。作为汽车的产物，坡道不仅将汽车行驶与人体行动区分开来，也使得多层停车场在所有建筑类型中独树一帜。

斜坡式停车场主要有三类：带远端入口坡道的水平式停车场、通过“拼接”坡道连接的分层式停车场及坡道与停车平台融为一体的连续式停车场。各个类别的停车场组合样式繁多，尤其是第三种类型。迪特里希·克洛泽在其 1965 年出版的书中介绍了九种斜坡式停车场分类，现转述如下。

关于斜坡式泊车建筑的文字介绍更像是一本手册，以朴实的写法，对坡度、速度和安全性进行了详细描述。有趣的是，实际测量得出的坡度，往往是出于本能感觉，从升降段或倾斜、弯曲及扭曲面形成的空间经验获得的。这些切合实际的描述忽略了运行系统带来的显著的雕塑性造型效果，而现在在其他建筑类型身上基本看不到这种效果了。雕塑性造型效果最早由康斯坦丁 S·梅尔尼科夫（Konstantin S. Melnikov）于 1925 年提出，他当时极力建议巴黎立体停车场引入一系列之字形坡道。根据他的设想，沿坡道驾驶将是一次观光之旅，驾车者必然身心愉悦，他从中意识到激发快乐的可能性，借由诗意化平面图中的线性次序来阐述停滞和匆忙移动的区别，而这一区别只能通过图表推理发现。可以想象，驾驶者在梅尔尼科夫设计的作品中穿行时将会体验到这种“流动性”，完全沉醉于旅程中。

详见第 220~223 页案例研究

迪特里希·克洛泽，《九种斜坡式停车场分类》（1965 年）

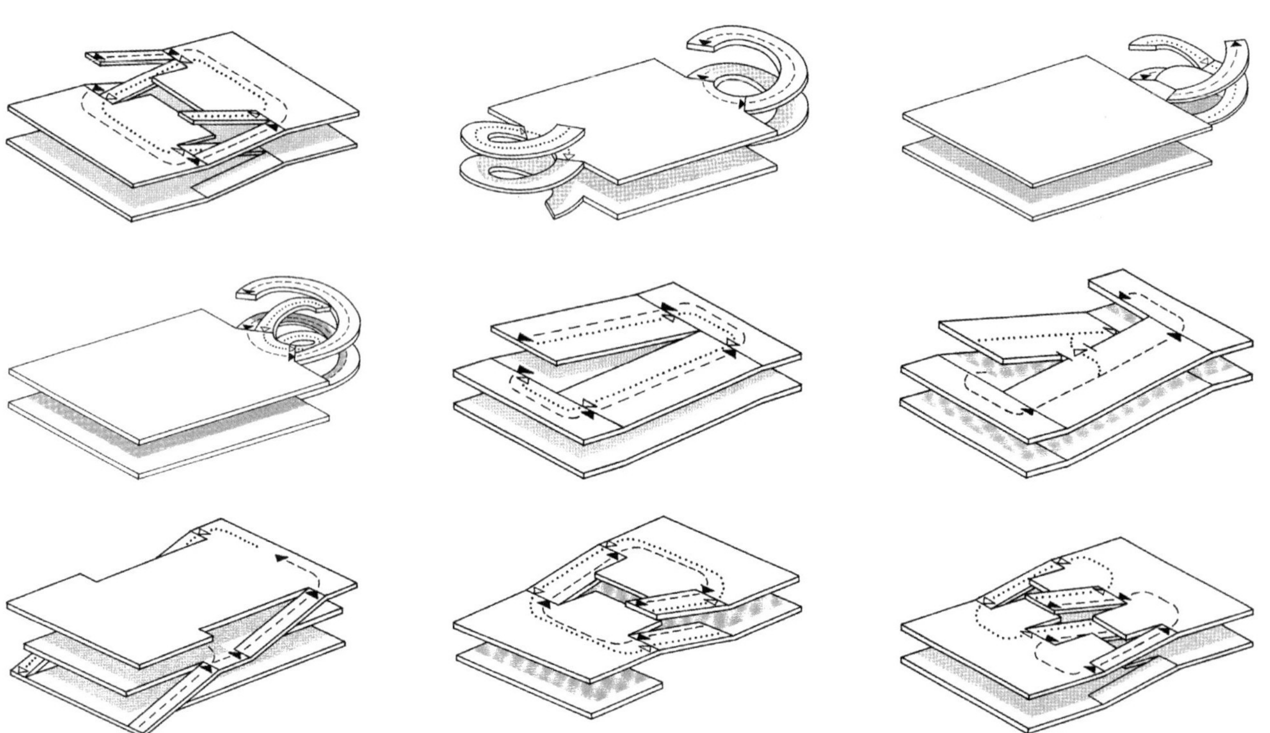

维克托·格伦（Victor Gruen）在设计洛杉矶市米利隆百货（Milliron's department store）屋顶停车场时（1948 年），试图为客人们带来类似的愉悦感。格伦摒弃了一种当时常用且成本较低的设计方案，即修建一栋配有电梯的两层百货楼，他设计了一幢的单层建筑，加固型屋顶足以承受汽车的重量，以及用于连接地面停车场和屋顶停车场的两条坡道，设计的这两条 6m 宽、90m 长的剪刀式坡道，从地面上看，如同高速公路上的隔离带。上行坡道的底部有一个巨型框架作为标高延伸和上行起点标志。但是，堪称疯狂之举标杆的建筑则是由贝特朗·戈德堡（Bertrand Goldberg）设计的位于芝加哥马利纳城（Chicago's Marina City）的两座 60 层塔楼。每座塔楼的底部三层均建成细长的连续型螺旋平台，从圆柱阵列中悬挑而出。驾驶穿越 19 层后悬空俯瞰整个芝加哥市的愉悦感究竟是下行时单调乏味、险象丛生的体验亦或是穿行 19 条环道后依然兴趣盎然的体验？即使在较为平坦的螺旋坡道上行驶时，驾驶者在下行时也必须全神贯注。

维克托·格伦（Victor Cruen）设计的洛杉矶米利隆百货屋顶停车场（1948 年）

几何结构可以加强驾驶员的上行和下行体验。线性坡道展现了轨迹、与道路景观密切相关、创造了体验某种速度感的可能性。相反，螺旋坡道显然是数学和工程相结合的产物，必然会产生虚拟和非比寻常的体验。当路涡在空间内围绕某个中心点疯狂地旋转时，螺旋效应带来的更多是一种独特的感受。

局部坡道也能发挥一定作用，但是趣味性有限。当坡道与停车场融为一体时，倾斜度将起决定性作用，建筑物此时将变成一个连续的斜面，根据维瑞利奥（Virilio）的观察（批判理论），该斜面会造成人体处于不稳定状态。例如位于阿纳姆市（Arnhem）由联合工作室（UN Studio）设计的地下停车场（1996~2007 年），其采用折叠式线性平台，身处其中容易迷失方向。设计位于萨斯伏尔市（Saas-Fee）的帕尔科斯（Parkhaus）建筑时，建筑师斯坦曼与施密德让驾驶者置身于类似山区的倾斜面和反斜面环境中，从拱腹、平台末端和外部开始，缓坡带着周边景观与之轻微旋转。VMX 建筑师设计的菲特森思塔凌（Fietsenstalling）自行车公园再次诠释了这一体验。该公园横跨阿姆斯特丹运河，设计了剪刀型失稳区，平台与水线之间的对比让地平线混沌不清。

////////////////////////////// 见第 215 页

////////////////////////////// 见第 214 页

////////////// 详见第 240~243 页案例研究

与阿纳姆中央火车站（Arnhem Centraal）的停车场位于公共汽车站的下方、马利纳城（Marina City）的上部设有公寓不同，其他连续面层建筑为建筑物的不完整性增加了另一个维度 - 截断形式，例如 R·耶利内克 - 卡尔（R. Jelinek-Karl）设计的位于布里斯托尔市（Bristol）的鲁珀特街停车场（Rupert Street car park），这种结构设计没有设置过渡性建筑，驾车人士的上行路途会突然中断。

R·耶利内克 – 卡尔，布里斯托尔市鲁珀特街（1960 年）
（详见第 210 页）

伦敦布卢姆茨伯里广场停车场

当人们驾驶汽车下行驶入伦敦布卢姆茨伯里广场（Bloomsbury Square）的地下停车场时，将获得类似的反向体验。后者的结构物中，由于缺乏外部参考物，无法判断下行幅度或预测尽头，而自行车友骑行时会发现下行道路突然到了尽头。双螺旋结构的末端位于地下七层的一面墙壁处，下行螺旋平台的梯度或直径保持不变，与 VMX 建筑师们设计的菲特森思塔凌（Fietsenstalling）自行车公园所面临的状况一致。欧文 & 勒德合伙人建筑事务所（Owen Luder Partnership）在设计位于盖茨黑德市的圣三一广场顶部的夜店时，以及罗伊 – 张伯伦事务所（Roy Chamberlain Associates）设计位于伦敦青年街的一幢办公建筑时，均从形式上和规划上解决了这一难题。两个解决方案都取得了意想不到的惊人之效。

首个采用混合模式的泊车建筑或许可以追溯到路易斯・康（Louis Kahn）于 1956~1957 年所设计的“码头”建筑（未建）。该建筑是费城城市中心提案中的组成部分，计划将停车场融入写字楼和公寓内。考虑到停车场隶属于较大的城市设计战略范畴，因此并未记载康（Kahn）对于汽车驶入建筑物内部的构想。但是短短两年以后，设计坐落于伦敦莱斯特广场（Leicester Square）的 Sin 中心（Sin Centre，又名娱乐宫）（1959~1962 年）时，建筑电讯派（Archigram）成员之一的英国建筑师迈克尔・韦伯（Michael Webb）提出了一个混合功能方案。有意思地是，韦伯（Webb）竟然参考了康（Kahn）的“码头”设计。停车场和“娱乐宫（entertainments palace）”的紧密结合并非偶然，韦伯称此建筑物为“驶入式商业街廊”，将街道延伸至建筑物[62]中心地区。他认为，车行和人行流通系统对于推动人潮空间流动发挥着至关重要的作用。两个系统均属于“特殊设计单元”，两者并置足以“勾画出建筑物整体轮廓”。旋转式停车场螺旋结构和自动人行道之间的中间区域设置了保龄球馆、电影院、戏剧院、舞厅、咖啡吧和酒吧等。与环形汽车坡道相比，该区域呈现出的“矩形”设计彰显了韦伯的意图，即通过“通路系统”驶入建筑物内部。

详见第 209 页

详见第 211 页

大都会建筑事务所（OMA）1989 年设计的位于泽布吕赫市（Zeebrugge）渡轮码头的“巴别塔”项目（未建）同样运用了混合结构。写字楼上部设置了会议室、赌场和游泳池，设有酒店、咖啡厅、餐厅、卡车司机室、独立的汽车和卡车停车场，底部设有通向渡口的汽车通道和桥梁[63]，采用开关控制。叠加模式的剖面设计解决了建筑设施布置上杂乱无章的问题，使得渡轮码头具有纽约市华尔街（Wall Street）市区体育私人会所（Downtown Athletic Club）一般的吸引力，雷姆・库哈斯（Rem Koolhass）曾在其 1978 年出版的《疯狂的纽约》[64]里提到过该会所。38 层会所设施主要使用电梯衔接，而渡轮码头的设计采用了“球体和圆锥体交叉”式结构，将众多活动融入19层的单一建筑形态中，而其动态平面和剖面必然得益于卡车和汽车行驶方式[65]。同戈德堡（Goldberg）在马利纳城（Marina City）圆形螺旋停车场上方设置向心式公寓楼层的做法一样，大都会建筑事务所（OMA）同样在其螺旋停车场上方叠加圆形节段式和向心式住宅。

////////////详见第228~231页的案例研究

建筑师最终在欧洲里尔（Euralille）建成了首个垂直基础结构/混合式停车场。从欧洲里尔（1988~1991年）和阿加迪尔会展中心（1990年）的早期草图即可看出大都会建筑事务所对停车场的专注度。图上绘制了卡通型道路，透过玻璃屏不时看到有汽车在人造景观和柱林中穿梭行驶。其中一张欧洲里尔的草图上，火车、地铁、汽车和人行道近乎悬空，尤其最为醒目的是蜿蜒向下通向地下世界的通道。如果说泽布吕赫市影射的是巴别塔，那么欧洲里尔则凭借皮拉内西（Piranesi）绘制的想象的监狱（Carceri）画作可见一斑。法国当局最终摒弃了该道路，如今地铁与人行天桥、升降机和自动扶梯并存，透过皮拉内西空间（Espace Piranésien）北侧和南侧装设的停车场窗户可以时刻监控这些设施。

后来，大都会建筑事务所接受委托为荷兰小镇阿尔梅勒（Almere）（1993年）绘制总体规划图，湖畔的9公顷平方米土地作为新的镇中心用地。目前该工程已接近尾声，地面已开挖1.5m，仅高出水平面0.5m。顶部修建了一个平台，翻折成湖滩。折叠平台倾斜度大小不一，部分区段较为平坦，其他区段倾斜度介于2.7%和3.6%之间。平台下部设置了道路、装货码头和3300个停车位。这幢混凝土多柱式建筑高达7.5m，让停放其中的车辆相形见绌。考虑到停车场将吸引大量驾驶员，大都会建筑事务所（OMA）尽力防止柱基形式停车场向市中心综合建筑发展，避免商业活动受到市郊零售批发业和娱乐场所波及。大都会建筑事务所（OMA）设计的另一个混合式停车场是位于海牙（市）的地下停车场。该混合式建筑包括建于市中心地下的一条有轨电车线路、两个电车车站和一个地下停车场，整条1.2km长的隧道采用随挖随填方式施工，设计师们在整合上述功能设施时充分利用富有创造力的空间互干性。

////////////详见第244~247页的案例研究

////////////////////////////// 详见第212页

其他混合式建筑包括墨菲西斯事务所（Morphosis）设计的位于洛杉矶的犹曾尚品汽车博物馆（Yuzen Vintage Car Museum）（1991年）和伯克哈尔特舒米建筑事务所（Burkhalter Sumi Architekten）设计的位于苏黎世市的苏黎伯格酒店（Hotel Zurichberg）（1995年），这些建筑将活动设施叠加在地下停车场上部。墨菲西斯事务所设想在犹曾博物馆的矩形平面内嵌入一条“跑道”，停车位沿跑道周边布置，场地南端，跑道发生倾斜和旋转来连接停车平台，场地北端，电梯附近的正切梁旋转呈现一种虚幻式旋涡状。最终上部展示层采用了上述空间/

伯克哈尔特舒米建筑事务所，苏黎世苏黎伯格酒店（1995年），（详见第213页）

结构图，通过建筑物拱形屋顶结构上的半圆形构件予以诠释。而伯克哈尔特舒米建筑事务所为苏黎伯格酒店扩建工程绘制了一份示意平面。即在三层停车场顶部设计一个椭圆形螺旋两层住房。从室外来看，根本看不到停车平台，只能看到一个螺旋体，透过横木敷设的楼梯才能察觉到窗口在逐渐上升。从内部来看，透过坡道门发现阳台外侧呈现类似的上升趋势，阳台围绕一个中心空间旋转。该建筑延续古根海姆博物馆（Guggenheim Museum）的做法，采用一条中央地下通道来连接原有建筑，并通过两条非椭圆形停车场坡道与前院连接。

大半个世纪以来，多层停车场遵循各种规范蓝图进行修建，无论是错层式或螺旋式停车场，整个建筑不外乎是墨守成规而建。然而到了 1994 年，NL 建筑师事务所（NL Architect），对重复式理念兴趣盎然，利用一系列停车场典范绘成三种新的结构示意图，每张示意图融合了各种类型的坡道式停车场，分别形成垂直的、水平的和紧凑式的正方形平面，每张示意图以一个连续平面、螺旋坡道、错层式与轮式，或者使用“小丘”式系统为基体。这些有趣的图纸阐述了异质化停车场的构想，展现了内部结构的多样性，得以产生本地化标识设计。建筑师们认为，他们的想法是实用的（例如在如画般的环境中，人们反而更容易发现自己的车），而他们的行动更有意义，更具独创性。拼接不同类型的

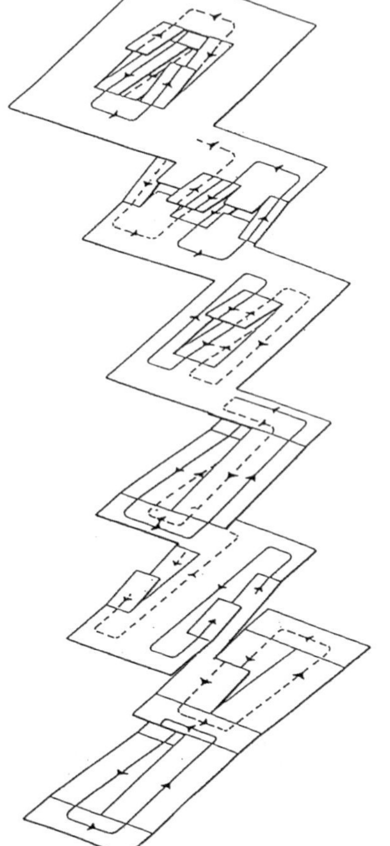

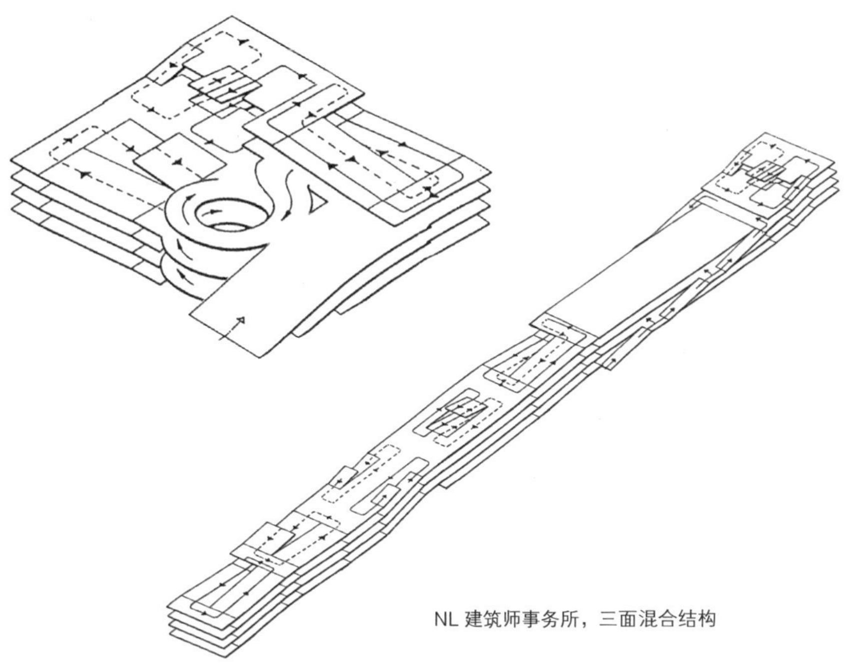

NL 建筑师事务所，三面混合结构

坡道时，建筑事务所不再强调某种类型的功能优越性，看似平凡无奇的系统融合体现了一种自主性。随着位于阿姆斯特丹的公园住宅 / 卡尔士达特（Carstadt）设计趋于精细化，图纸对类型范式和误以为实用的自主结构提出了明确的批判。尽管这些尝试迟于大都会建筑事务所（OMA）设计的混合功能式（停车场），但是它们无须空间干涉即可创造出风景如画的异构型环境。从最初的梅尔尼科夫（Melnikov）到如今的 NL 建筑师事务所（NL Architect）都体现了建筑师在停车场设计上的策划深度。

但是什么时候停车场会丧失停车场的形式呢？也许当停车场变成一条道路或一个场地时就有可能。公园住宅/卡尔士达特的停车场就是一条1km长的道路，四通八达，向市中心倾斜、堆叠和楔入。建筑师诠释了如何将“狭窄街道间的旅程变成一段翻山越岭的愉悦之行，穿梭历史古城时享受视觉盛宴”[66]。而阿兰达 / 拉斯奇在设计 10 英里螺旋时，旨在缓解拉斯维加斯的拥挤交通，避免交通堵塞形成固定（停放）车辆。因此，尽管车辆以 55 英里每小时的速度沿这座盘山行驶，10 英里螺旋比起基础设施而言更像是一个构筑物，比起道路而言更像是一幢建筑。前者是停车场伪装成道路，后者是道路伪装成停车场。那么多层停车场的辨识度源于什么呢？是功能还是形式？就场地而言：最早是库利（Khoury）的双曲抛物面项目，该项目早于克洛泽（Klose）1965 年出版的书籍；然后是大都会建筑事务所（OMA）于 1993 年设计的朱苏大学图书馆（Jussieu）项目。近期项目有由扎哈·哈迪德（Zaha Hadid）设计的位于斯特拉斯堡的 Hoenheim-Nord 总站及停车场（Hoenheim North）以及由法国设计团队 R&Sie 设计的位于十日町的柏油景点（Asphalt Spot），尽管这两个停车场均非多层建筑，但是均通过黑色柏油路和白色绘线交织线条和场地设置极尽夸张之势。日本乡村的“柏油景点”以稻田和远处的群山为背景，进一步彰显了停车场表面的模仿特性，通过人工合成特定场景和别出心裁的设置展现自然景观。

如果停车场表层能融入地面层，那么“公园和慢跑”项目则找到了将泊车建筑融入城市空间的方案，这是对城郊开车上下班人群在伦理和审美上的一种颠覆，驾驶员可以将车停在停车场总站，然后换乘另外一种交通工具（自行车、独木舟和马匹等）前往城镇，途中会经过一个 1.2km 的“中央公园”，最后到达“理想公园（Suit Park）”。这个乌托邦项目标志着回归到近半个世纪前康等人信仰的理念，即停车场可以为城市发展作出积极贡献。这些结构体不但不会造成城市衰败，反而有可能改变城镇特征，推广倡导的多功能建筑。许多建筑师，特别是荷兰建筑师，在作品中提倡回归城市环境，试图将汽车纳入未来整合中。

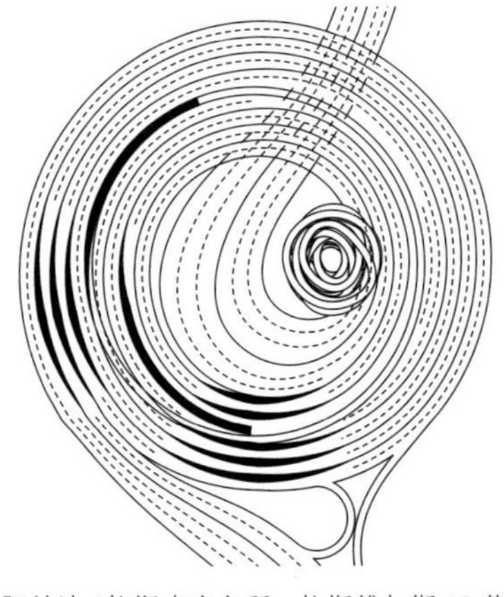

阿兰达 / 拉斯奇事务所，拉斯维加斯 10 英里螺旋（2004 年）（详见第 216 页和 217 页）

/////////////// 详见第 82~85 页案例研究
////////////////////////////// 详见第 218 页

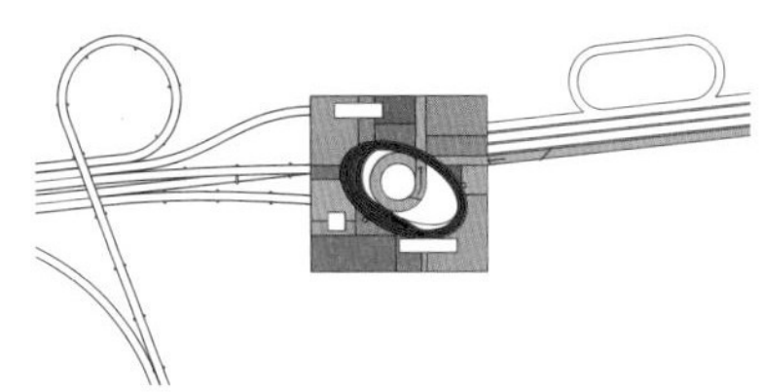

布肖·亨尼（Buschow Henley）建筑师事务所，索尔福德市“公园 + 慢跑（Park + Jog）”（1998 年）（详见第 236~239 页案例研究）

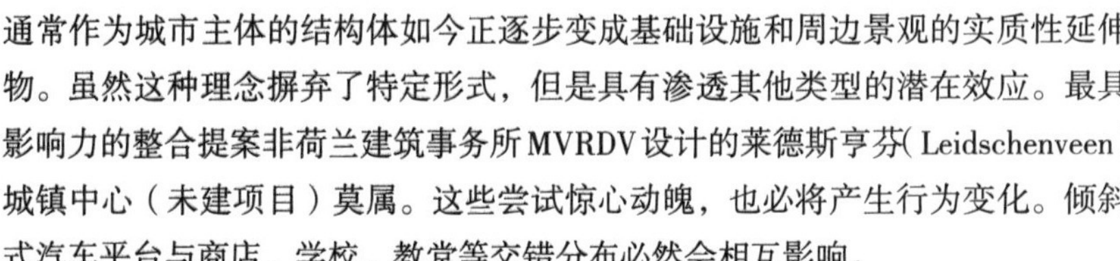

通常作为城市主体的结构体如今正逐步变成基础设施和周边景观的实质性延伸物。虽然这种理念摒弃了特定形式，但是具有渗透其他类型的潜在效应。最具影响力的整合提案非荷兰建筑事务所MVRDV设计的莱德斯亨芬(Leidschenveen)城镇中心（未建项目）莫属。这些尝试惊心动魄，也必将产生行为变化。倾斜式汽车平台与商店、学校、教堂等交错分布必然会相互影响。

但要在此斜面上居住则与常规背道而驰了。有时只有站在倾斜和摇晃的平台上，置身车轮后方或者单脚站立时才能体验这种失稳状态。直到最近巴别塔的建筑师得以实现上述效果。现在这种倾斜式停车场已经成为震撼性建筑的首选，在任何省级城市都能体验到设计师们所追求的震撼感，因为在此人们可以通过一条连续（行车）坡道上行到足以俯瞰城市的露天高度。回到大街上，仍然能看到锉饰边缘和倾斜平面，直至其消失不见，然后再回到我们更为熟悉的城市空间中去。

双螺旋坡道水平平台外景

双螺旋坡道水平平台内景

“拼接式”坡道连接的错层平台外景

一体化停车场连续式坡道

“拼接式”坡道连接的错层平台内景

基础设施和建筑

迈克尔·韦伯
伦敦SIN中心（1959~1962年）

早在大都会建筑事务所（OMA）设计的朱苏大学图书馆（Jussieu Library）和NL建筑师事务所（NL Architect）设计的公园住宅/卡尔士达特（Carstadt）建成三十年前，SIN中心（Sin Centre）已经力求创造韦伯（Webb）所描述的"驶入式商业街廊"，即利用螺旋式汽车运动和直线人行道的动态效果产生架构，扩展街道。停车场和综合休闲区配有一个玻璃屋顶，由高强度斜拉索支撑。

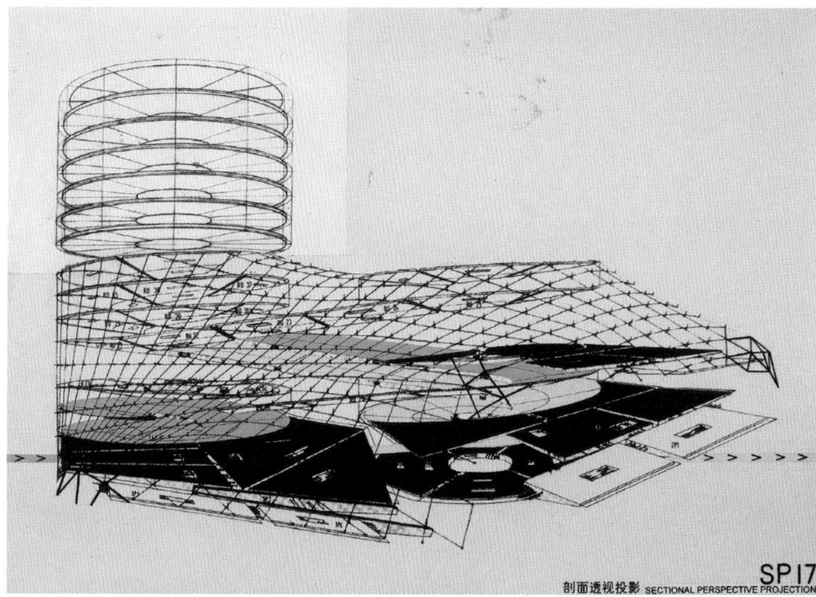

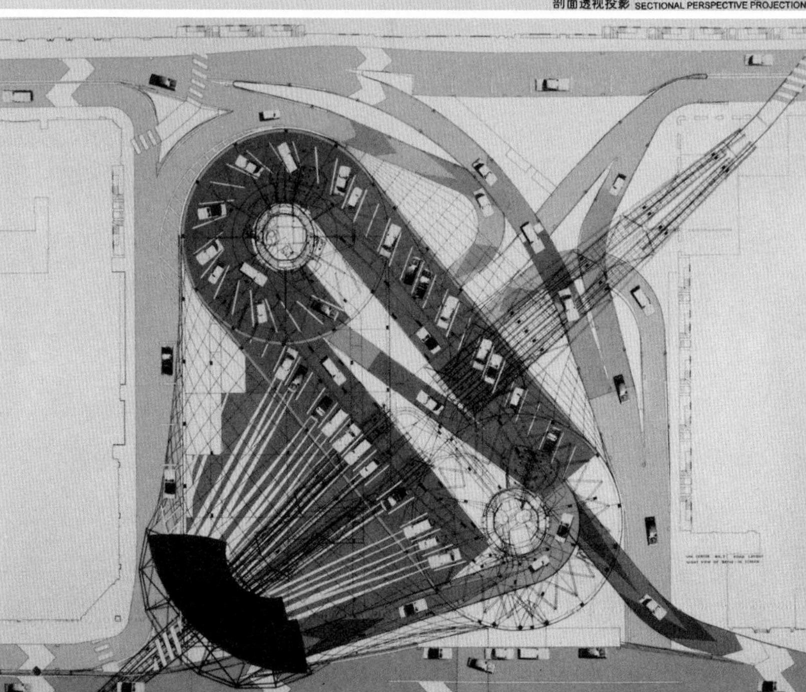

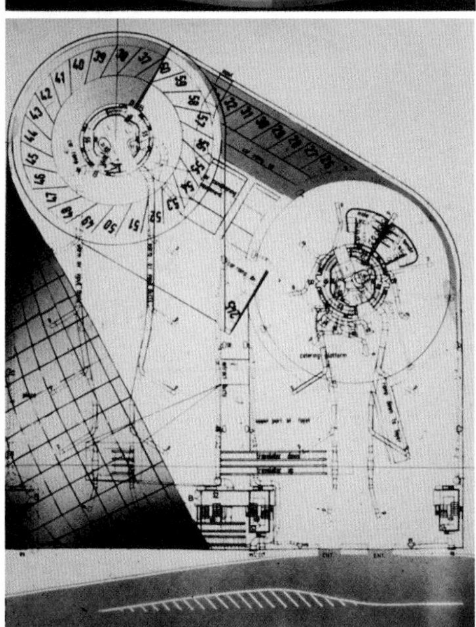

R·杰利内克·卡尔
布里斯托尔市鲁珀特街（1960 年）

山路或停车场－椭圆形平面围绕着一个中心孔旋转上升，直至通向街道上七层楼高处，连续面层在此处戛然而止。采用一系列横向预制混凝土悬臂式梁支撑 17m 宽的平台，两根柱子支撑各梁。除了出于结构效率考虑，选用悬臂梁还可以强化从周边屏障平面可视的平台流线型。

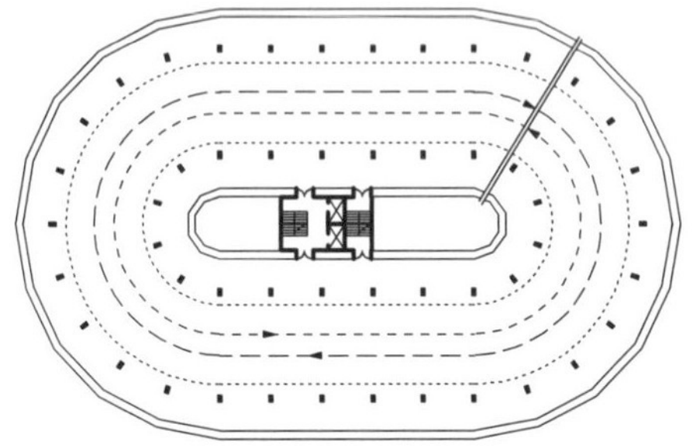

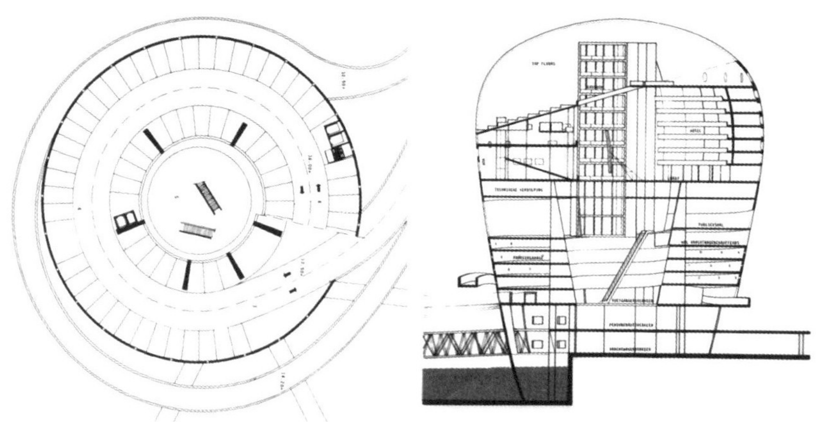

大都会建筑事务所：泽布吕赫市巴别塔（1989年）

“巴别塔”融合了建筑物、道路、坡道和桥梁，彰显了大都会建筑事务所对垂直基础设施的偏好。“巴别塔”设置了办公室、酒店、赌场、停车场、卡车停车场、公交和的士总站，并诠释了停车场几何形状（此处为螺旋形）对常规用途的影响。第七层的停车场改建成了卡车司机服务大厅。

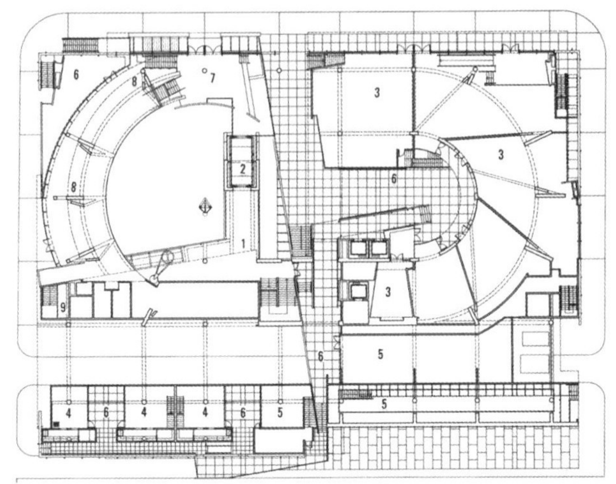

墨菲西斯事务所：洛杉矶犹曾尚品汽车博物馆（1991 年）

该（未动工）项目以螺旋坡道为主题嵌入矩形场址内，旨在将现代汽车停车场（访客停车场）和古董车展馆合二为一。坡道通过第二个主题 – 垂直车辆移动装置（一个升降机）连接，将整个项目自上到下连为一体[67]。

伯克哈尔特舒米建筑事务所，苏黎世市苏黎伯格酒店（1995 年）

如同是冰山一角，新建的两层楼酒店附楼默默无闻地坐落在一片林间空地上，将一栋三层停车场隐藏在地下。在内部，倾斜走廊和玄关延续停车平台的椭圆几何形状，围绕一个用天窗照明的中心井旋转。留心上行窗口位置和采用木质包层的嵌接接头。

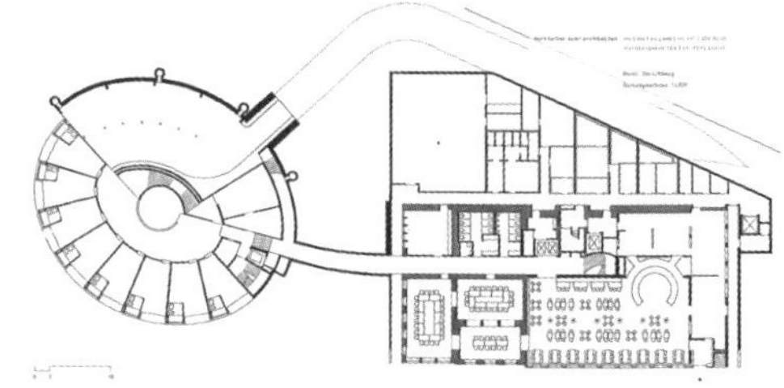

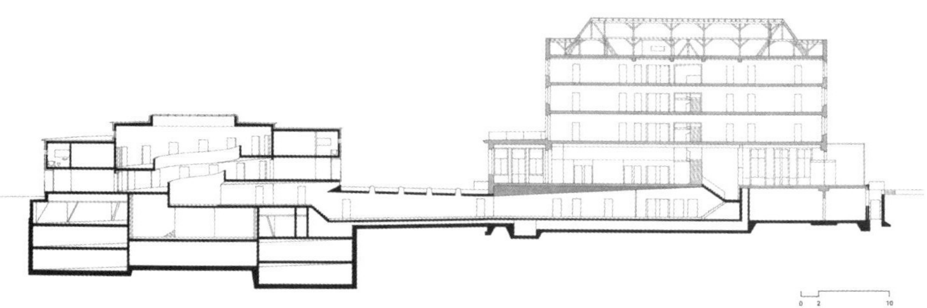

斯坦曼与施密德建筑事务所：萨斯伏尔市帕尔科斯（1994~1996 年）

与康设计的“港口”和苗齐（Miozzi）设计的“奥拓里梅萨”（Autorimessa）类似，萨斯伏尔市的帕尔科斯汽车总站顶部两层计划用作卸货区。因此，滑雪场成为无车区，用电动车出入。12 个建于山坡上的停车平台上下折叠，彼此互联。有趣的是，驾驶者进入萨斯伏尔市首先看到的并不是这个市镇，而是入口处的栅栏和光滑的圆柱体，以及内部通往停车平台的螺旋坡道。作为基础设施中的经典之作，其对生活质量和物理环境均有着深远的影响；作为一个实用结构，其采用粗粒混凝土，效仿周边景观采用折叠形式，提供别样的平台俯瞰景观。

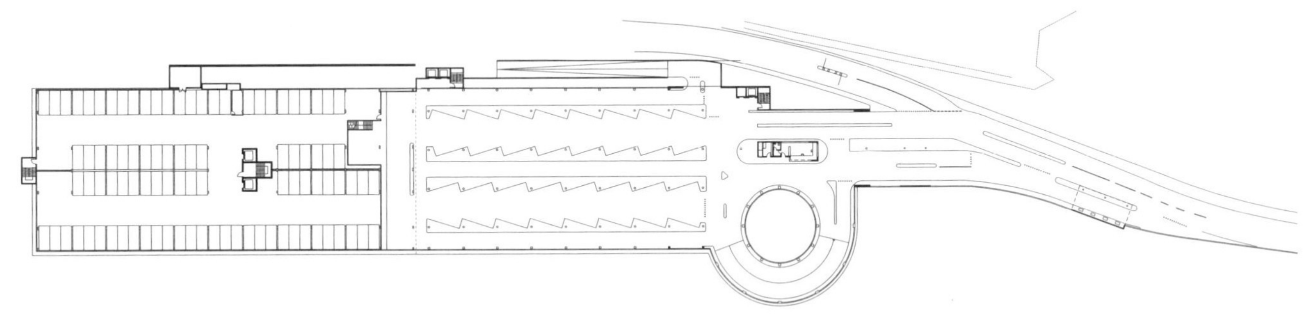

联合工作室：阿纳姆中央火车站（1997~2007年）

阿纳姆中央火车站拥有一个可容纳 1200 车位的停车场，位于公交车站下方。该停车场呈连续面层形态，用 V 型柱隔出三个车道，行车道上设有人行通道，为色彩斑斓的地下空间提供些许光亮。倾斜的内部区域不同寻常，使人联想到公路隧道或渡口停车平台。

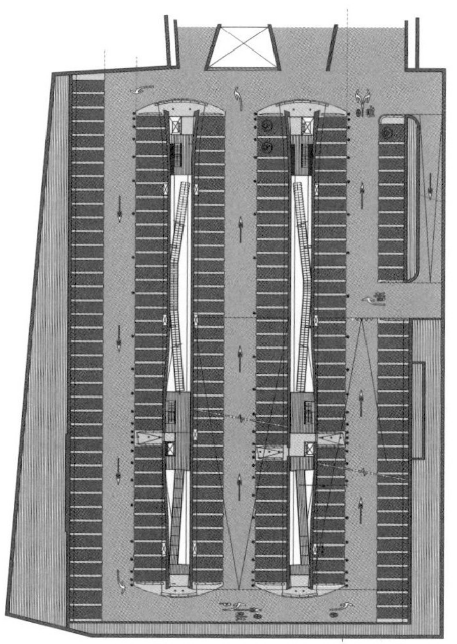

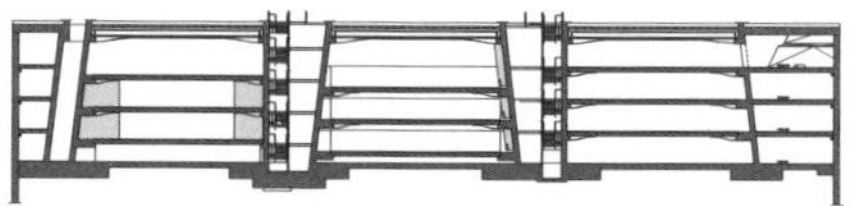

阿兰达 / 拉斯奇事务所，拉斯韦加斯 10 英里螺旋（2004 年）

为了解决交通拥堵问题、延后拥堵时间、保证驾驶人员持续前行，在拉斯韦加斯南部干线公路上修建了一个设计夸张的螺旋体。正如建筑师所说，这是感知的问题。位于这条郊区回旋路线中心的是一条塔路，体现了所有多层泊车建筑所具有的模糊性，即一方面扮演着“路”的角色，必要时又要发挥“建筑物”的功能。这种“混合式”螺旋体的形式是经由数学演算最终确定的。

定义变量编号：编号 =70
定义变量点数组，n
重新定义变量线数组（no）
定义变量账户：账户 =0
初始半径
定义变量半径：半径 =10
绘制螺旋线
当 n=o 时，见步骤 1
点数组 = 阵列（半径）*Sin（n），（半径）*Cos（n），n/2）
线数组（n）= 点数组
定义变量随机：随机 = 取得随机数（ ）
如果随机 <5，则
半径 = 半径 +.1+（取得随机数（ ）*1.5）
其他
半径 = 半径 +.1–（取得随机数（ ）*1.5）
结束条件
下一步

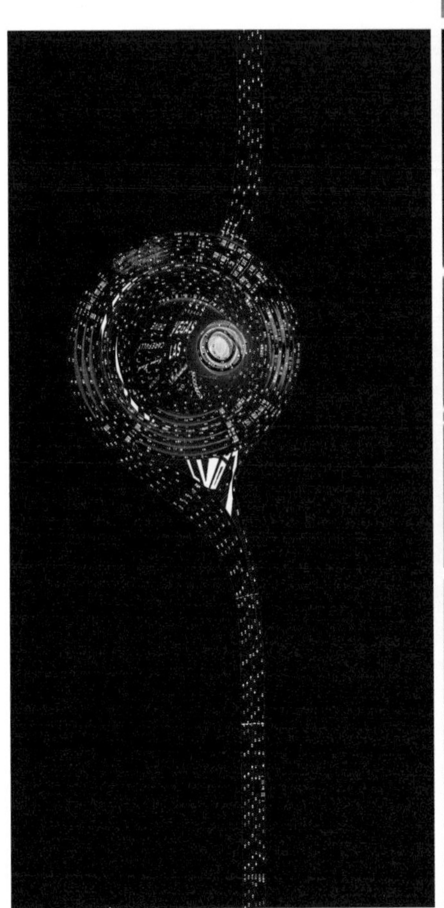

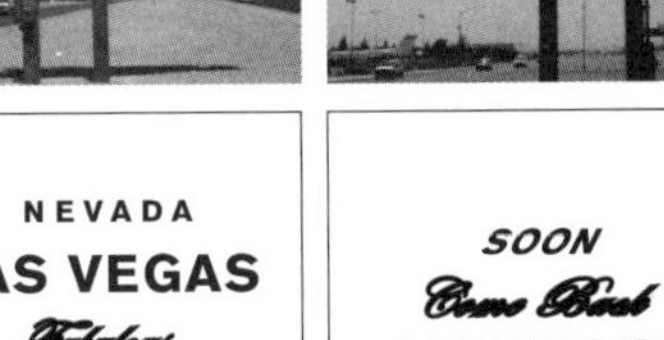

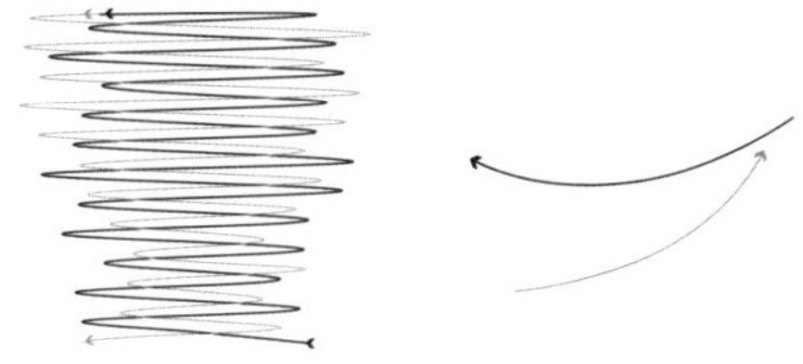

"混合式"螺旋体

用一种算法（参见反面页）导出一个螺旋体，其半径随螺旋体攀升随机变化，之后回落至谷底。

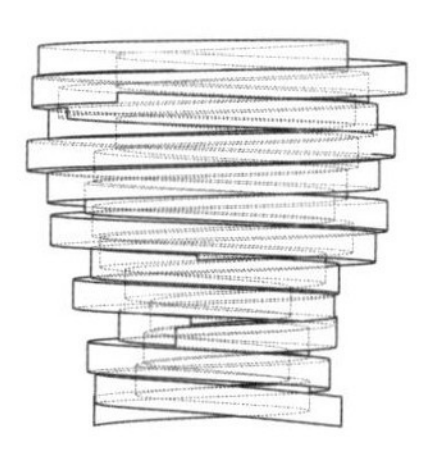

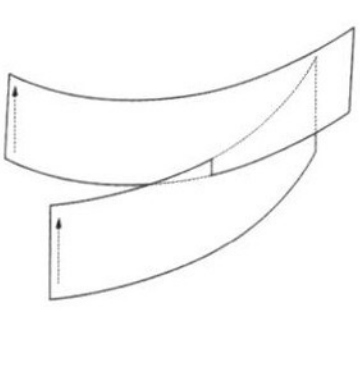

挤压

挤压造构路缘至 4.6m 来加固坡道。

交叉点 – 荷载转移

带状构造之间的交叉点为转移点，结构荷载经由转移点传至地面。

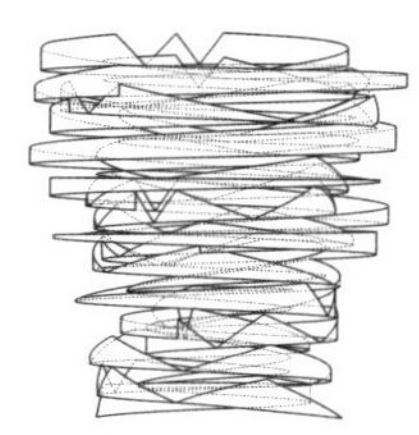

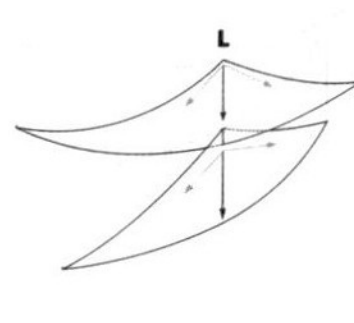

梁

优化结构，要求可以看到溪谷风景：

保留应力轴线上的材料，清除无须结构施工路缘处的材料。

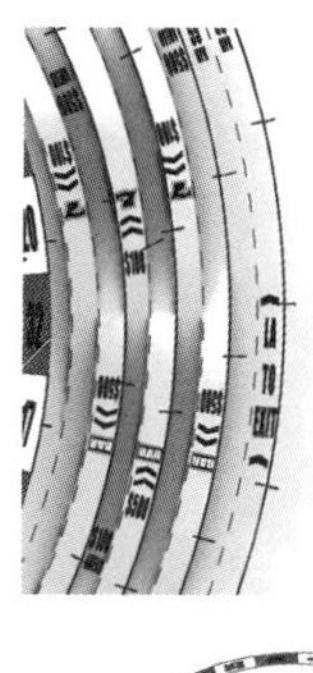

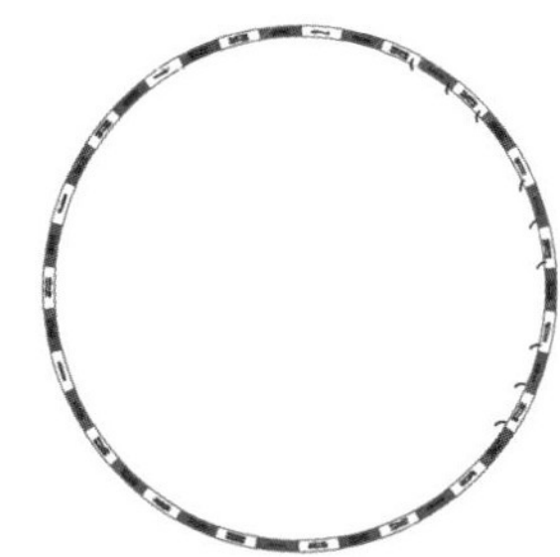

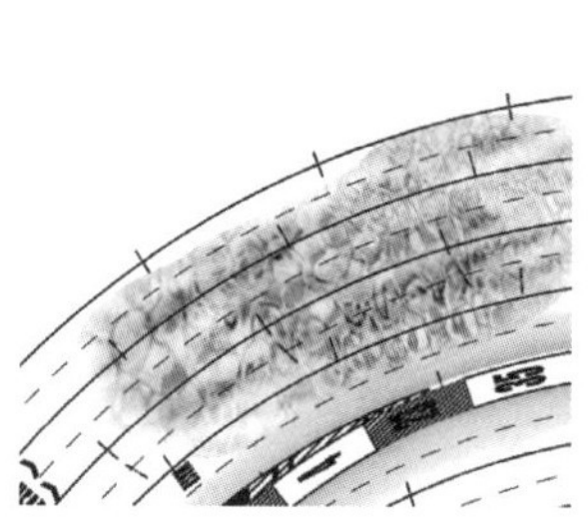

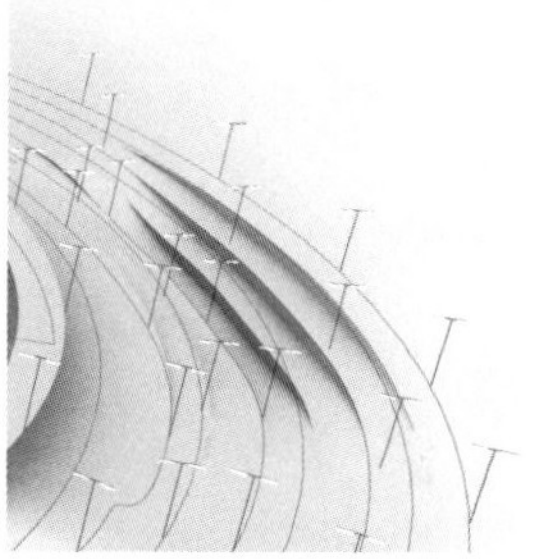

顶行：500 美元汽车老虎机 – 配对车辆赢。

第二行：5000 美元轮盘赌 – 轮盘转到所持号码时赢。

第二行：10000 美元塔式建筑 – 排在百万位上的车辆赢。

最底行：免费洗车——事情发生了，就让它过去吧，无须究诉，生活继续。

法国设计团队 R&Sie，十日町柏油景点（2003年）

“柏油景点”为艺术前沿画廊（Art Front Gallery）委托修建的项目。该景点在乡村环境中引入人造地形，通过浇灌沥青粉刷白线规划了20个停车位，并由一系列支柱支撑架设而成的展览室。游客可以步行或驾车环游整个景点，身临其境地感受法国设计团队 R&Sie 所谓的“失衡状态”。

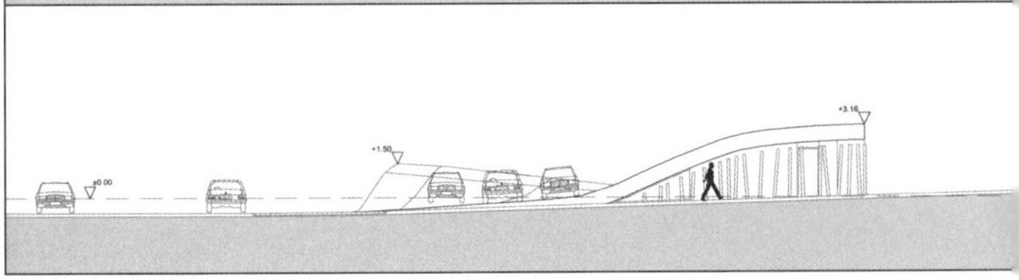

案例研究

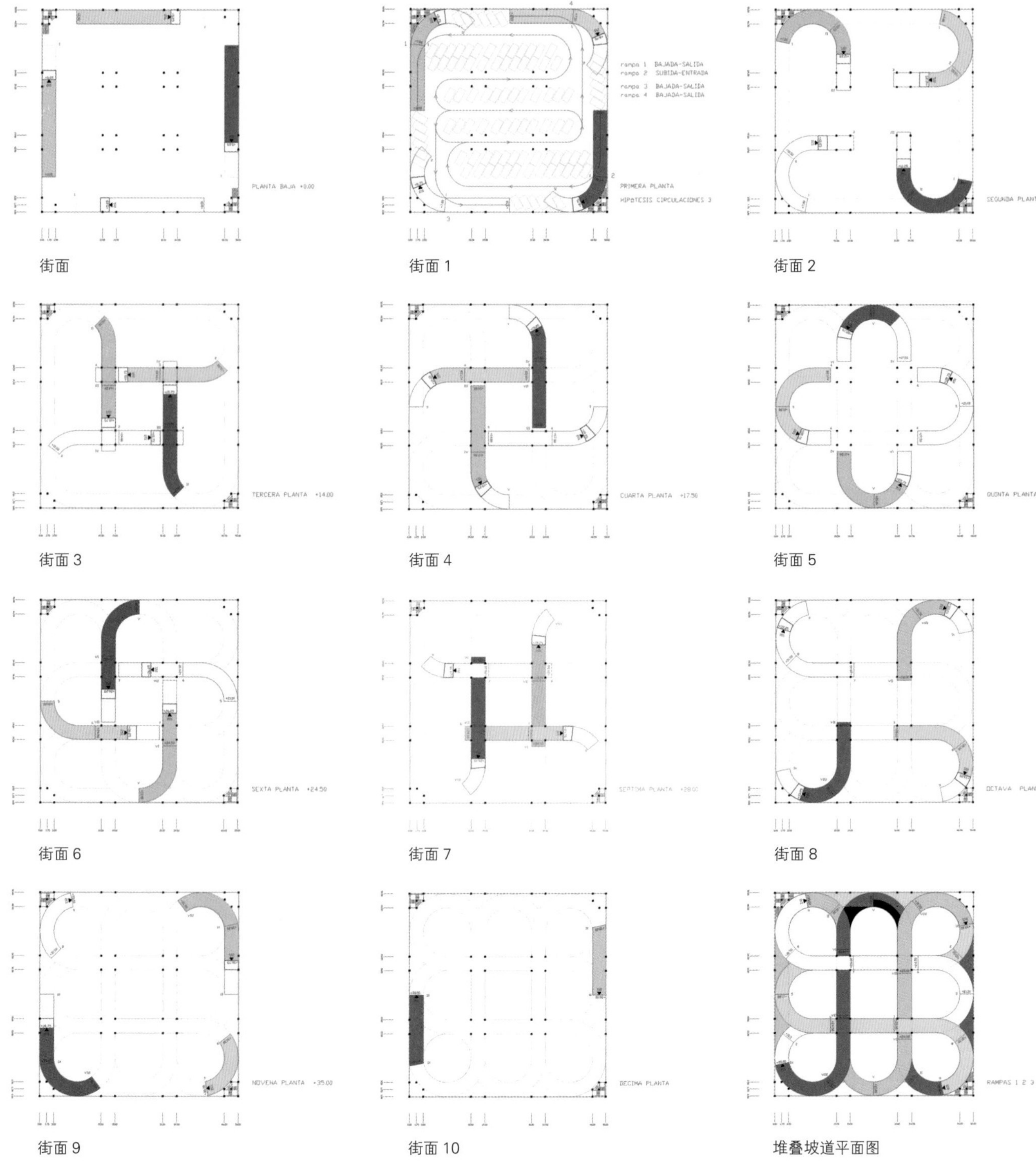

街面

街面 1

街面 2

街面 3

街面 4

街面 5

街面 6

街面 7

街面 8

街面 9

街面 10

堆叠坡道平面图

康斯坦丁·梅尔尼科夫
巴黎 1000 车位停车场（1925 年）

由于梅尔尼科夫成功地设计了 1925 年巴黎[68]国际装饰艺术及现代工艺博览会苏联馆，当地政府官员邀请他设计一个 1000 车位的停车场。他给出了两套设计方案，叫法不一，如“第一变体”和“第二变体”、“最小版”和“最大版”及“第一版”和“第二版”[69]。第一种设计采用倾斜式骨架外观（最大版），第二种设计采用正交直线型（最小版本），而这两者的确容易混淆不清。当史蒂芬·弗雷德里克·斯塔尔（S. Frederick Starr）与梅尔尼科夫碰面时，将骨架方案当成了“第二变体”，而胡安·巴尔德维格（Juan N. Baldeweg）和安德烈·杰克（Andrés Jaque）将正交直线方案称为“第二版本”，并引述梅尔尼科夫的文字表明其叫法更准确一些。

在 1925 年 7 月 28 日的一份报告中，梅尔尼科夫阐述了两种设计是如何创造出“多楼层汽车宫殿”[70]的。同时，他列出了一套汽车坡道设计原则：彼此不能交叉；坡道间将呈现 90 度弯曲；所有弯曲半径相同；尽可能少地设置转弯；整个表面将用作汽车停车场；整条道路将用作上行线路；每层楼的高度都应与汽车高度相匹配。他将两种方案分别描述成“开放式分配项目”和“空间项目”（呈上升形式）。设计适用于线性场地，如林荫大道和桥梁。

梅尔尼科夫对其修建停车场的提案作出了如下解释“提议为众所周知非常热爱街道生活的巴黎人修建一个横跨塞纳河大桥的停车场时，我想到了一个绝妙的设计，利用两个均衡的突出结构彼此支撑、维持平衡。该建筑可容纳 1000 个车位，车辆可以借助一定数量的坡道实现上行和下行，可以使用任何空车位，省去了多转一圈的麻烦……”[71]。从第一变体画好的两张图纸来看，梅尔尼科夫设计了一个十四层高的结构，由河中央四根间距较小的桥墩支撑。根据设计方案，（建筑物）立面外露交叉截面包括悬吊于桥上顶点处的两个楼层和各侧岸上的六个楼层，整个结构由两端分别设置的一个女像柱支撑。正面由落差较大的截顶斜线组成。两侧入口坡道采用同样的斜线通向桥面。

他接着描述了第二个项目：“……［它］位于一块面积为 50m × 50m 的地块内，包括四条彼此互不交叉的螺旋坡道。为了迎合巴黎人的喜好，其中一个螺旋体朝向建筑物立面中心，以便汽车疾驰而过[72]。平面由 16 个柱网分成了 9 个方格；4 个角各设置一个 5 柱柱网；围绕着中心广场设置四个 4 柱柱网；立面中间部位设置八个圆柱副。地面高 7m，十个平台高 3.5m。梅尔尼科夫提到的四条螺旋坡道穿越该矩阵，所有坡道呈“W”形，是直线坡道和 180 度半螺旋坡道的组合体。四条坡道上升段分别始于四个立面，按旋转模式叠加，反复交

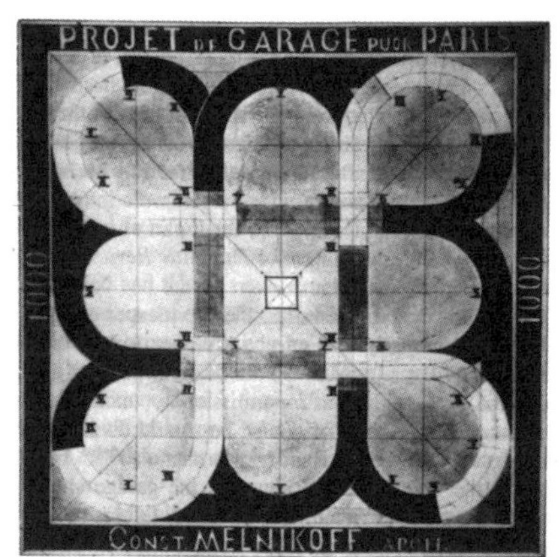

康斯坦丁·梅尔尼科夫：第一变体立面图、剖面图和平面图

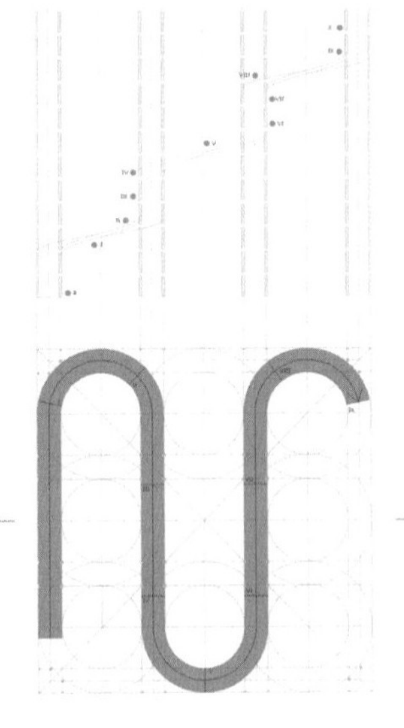

坡道 1

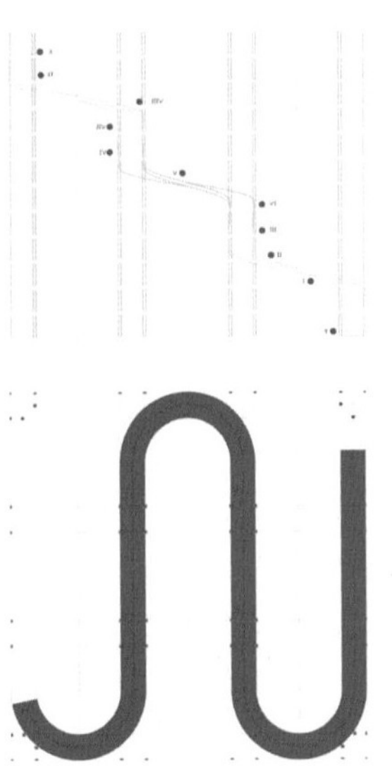

坡道 2

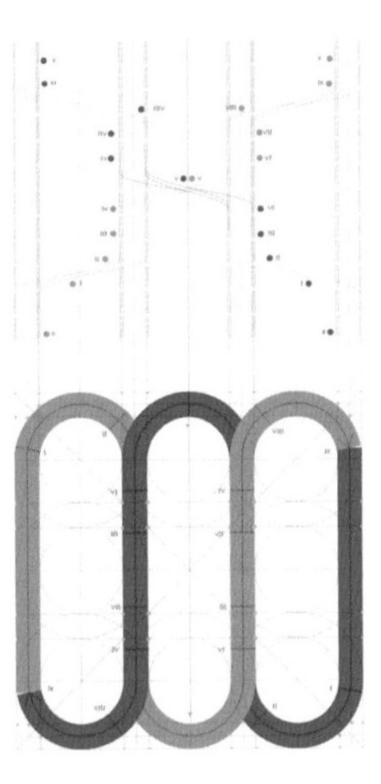

坡道 1+2 叠加

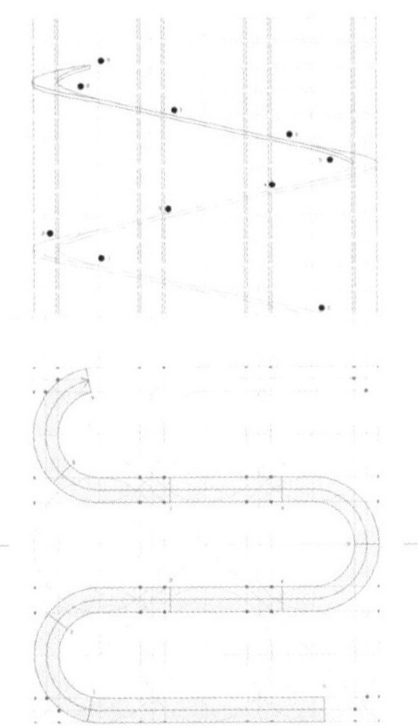

坡道 3

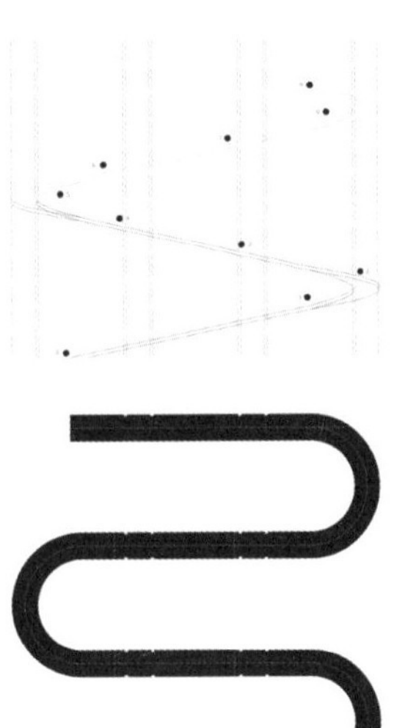

坡道 4

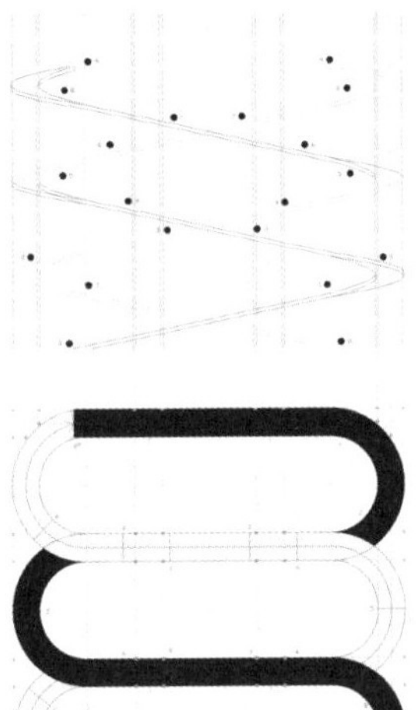

坡道 3+4 叠加

叉横穿十层楼上行段的平面中心留下花瓣型弧形运动轨迹。立面中心部分位置刻意未设置覆层，用来展示车辆行驶在连绵曲折的螺旋坡道上的情形，可以想像各个立面都会有此情形出现。最后在梅尔尼科夫的某个首层平面图上发现了 111 个停车位，但没有说明另外 889 个车位的分配情况。

当坡道呈现旋转对称时，通过静态平面形态可以看出两轴呈镜面对称。平面呈 ABABABA 方格状，其中 A（构造柱群和坡道的宽度）约为 3.5m，B（坡道和结构物之间的开放空间）约为 12m。立面等分为 13 个水平隔区；如果以立面来说，B 会是 A 的三倍。但是如果 50m 立面等分成 3.85m 隔区，垂直方向上立面只能等分成 12 个 3.5m 宽的隔区，两者存在一个差值。图纸绘制的建筑物本应是纯粹的方形对称式，但奇怪的是该建筑物并非纯粹的立方体。人们所说的最小变体其实是多层泊车建筑的一种理想形式。

根据梅尔尼科夫的设想，此次设计将是一次愉悦的体验，一次开启视觉盛宴欣赏首都美景的契机。他从中意识到激发快乐的可能性，借由诗意化平面图中的线性次序来阐述停滞和匆忙移动的区别，而这一区别只能通过纯图表可以发现，因为车轮转向、齿轮变速化、加速和减速都会转移司机们的注意力。人们只有看着这些平面图来体验这种“流动性”，完全沉醉于旅程中了。

巴尔德维格和杰克的分析图对梅尔尼科夫的两套总体设计方案的平面图、剖面图和立面图进行了推断，其研究突显了结构物、坡道和楼梯的各种不一致性。从侧面看，该模型与大都会建筑事务所（OMA）1993 年设计的朱苏大学图书馆惊人的相似，该图书馆使用多米诺框架支撑连续式室内景观。尽管梅尔尼科夫采用了大都会建筑事务所（OMA）未用到的平面对称设计，但是其在剖面设计中纳入了相当多的静态平台，导致组合效应与 OMA 几乎如出一辙。

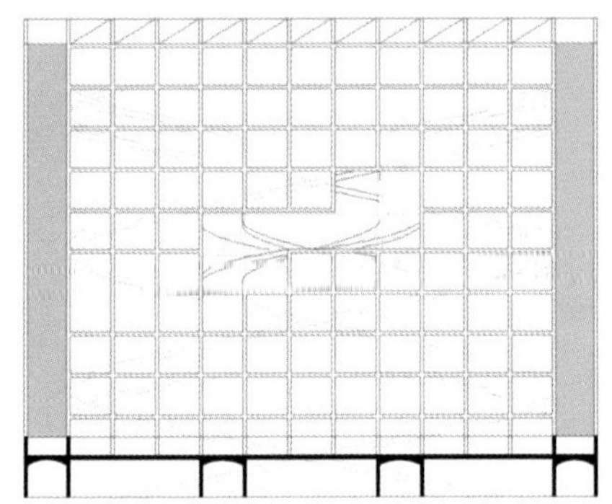

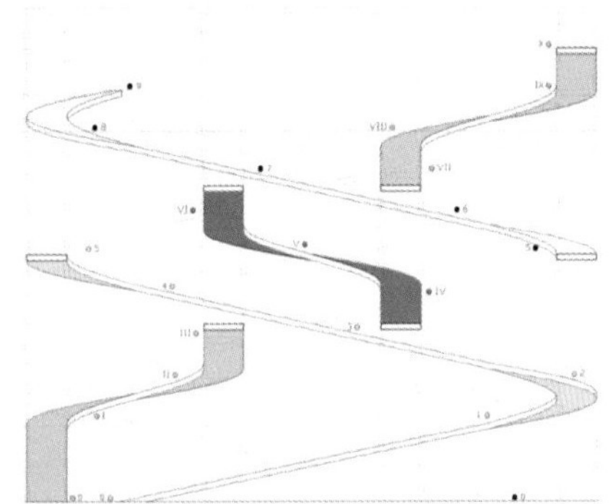

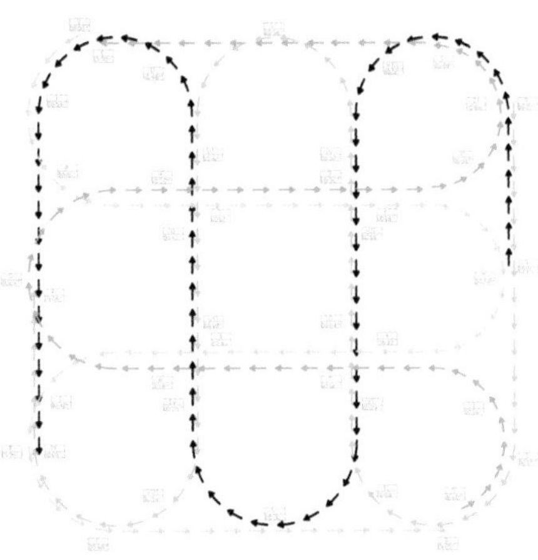

胡安·巴尔德维格（Juan N. Baldeweg）和安德烈·杰克（Andrés Jaque）：立面图、剖面图和平面图。

DO
NOT
ENTER

伯特兰·戈尔德贝尔格
芝加哥马利纳城（1962 年）

正如老彼得·布吕赫尔（Pieter Bruegel the Elder）的著名画作所示，巴别塔是一个巨型建筑意象。旧约故事中，该塔是早期人类反抗神明统治的产物，布吕赫尔将其想象成一个斜截锥体，建成巨大的拱形成对楼层，不禁让人联想到罗马斗兽场。每个楼层通过一条连续式螺旋坡道接入地面，坡道作为运输通道，将建筑材料从底部入口运到顶层。建筑师兼工程师伯特兰·戈德堡在芝加哥设计的一幢大楼也采用了类似的圣经结构。众所周知的马利纳城摒弃了砖头和灰泥、拱门和扶壁，但是保留了连续式螺旋坡道和入口设施。戈德堡设计的螺旋状塔楼屹立在河岸边，直径 32m，约 19 层楼高，用作连续式停泊车建筑，上部 40 层为公寓住宅。

戈德堡热衷管理社区规划中的预建和大批量生产，他认为这两项工作比抽象和颓废美学问题更为重要。戈德堡的设计方案与弗兰克·劳埃德·赖特（Frank Lloyd Wright）乌托邦式的农耕聚居地背道而驰,后者的设计的广亩城（Broadacre City）结合了美国传统农业和近郊草原居住区。马利纳城从多方面颠覆了美国式理想空间的概念，打造社区时奉行邻近理念，在五幢建筑中汇集了住宅、办公楼、商店、剧院、一家电影院、一个码头和一个多层泊车建筑。它曾经而且可能至今仍然是北美高密度居住地的清晰烙印。戈德堡试图以此恢复、振兴和重建芝加哥日趋式微的商业区，但是该社区仍然保留了一定的空间感。居民可以从高层公寓俯瞰整个城市、密歇根湖和周围农村。戈德堡对土地的集中利用表露了一种荒诞而又浪漫的理念，人们在驾车驶入高空的过程中尝试着创造奇迹。

“玉米芯”孪生楼采用现浇混凝土修建，中央立一根核心筒，周边立一圈 16 根圆柱群。公寓围绕这 16 片“花瓣”布置，底部设置简易圆形停车平台，每层旋转可设置 32 个车位，每幢楼共设 450 个车位。汽车停放区沿外围边线径向布置，景观与上部公寓层并无不同。从街面驶向 19 层停车场的 1km 旅程最为惊心动魄，驾驶人员沿着陡峭的边缘谨慎前行，方向盘始终保持不动状态。建筑物本身开启了一个全新的通勤方式，由于驾驶员们必须排队将车辆停在这个单线双向道内，必然会带来一定的车流量。

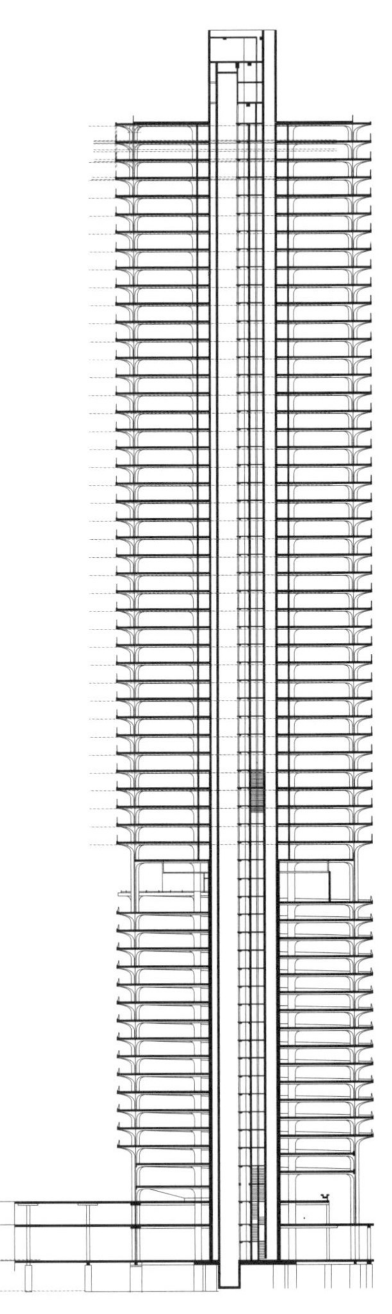

戈德堡认为城市里“人们彼此间需要交流……这是一种原始的本能，所以建筑亦如此，尽管政府总是对此表示不解。”[73] 马利纳城的停车场是实现这一憧憬的不可或缺的一部分；没有任何泊车建筑能修建的如此高、细长、呈现如此完整的螺旋体形态。因此，该结构的尺度、几何形状和同质性都是前所未有的，必定会成为有史以来最伟大的一个泊车建筑。

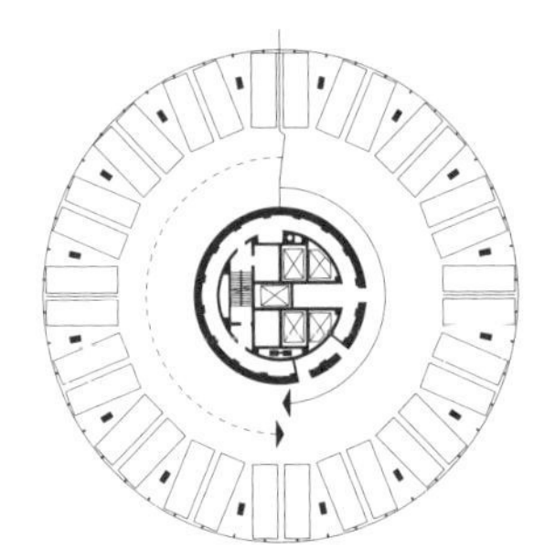

停车场平面图

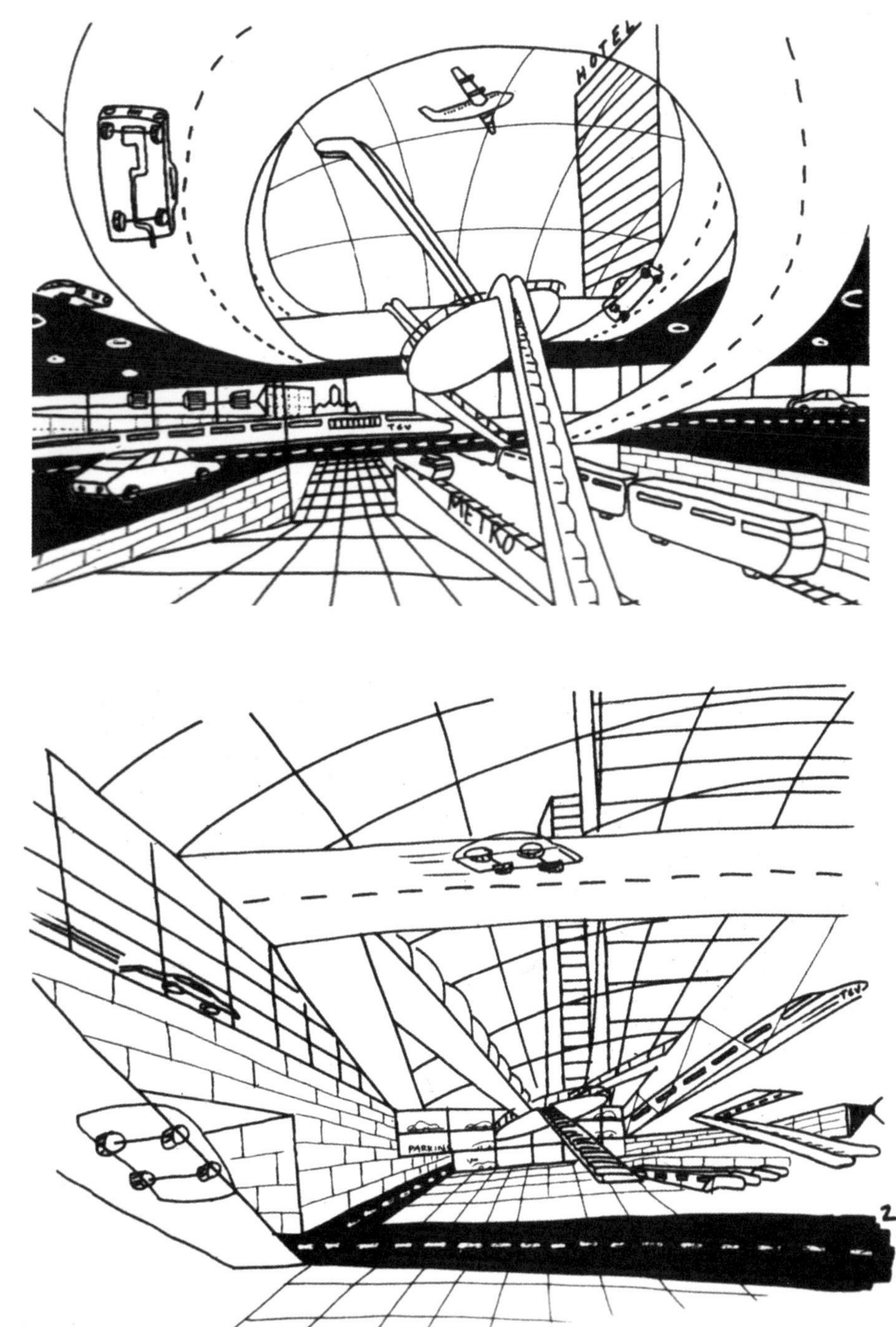
HOTEL
TGV
METRO
PARKING
TGV
2

大都会建筑事务所，安东尼·比尔和卢多维奇·布朗卡特
欧洲里尔皮拉内西空间（1988~1991 年）

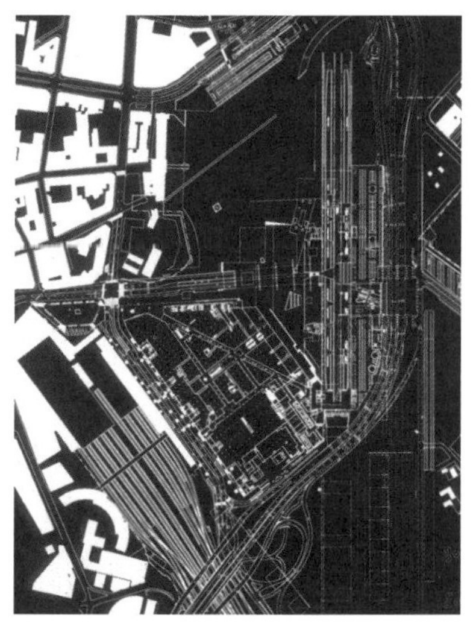

欧洲里尔由大都会建筑事务所和英国奥雅纳工程顾问公司（Arup）负责总体规划，是一个针对法国里尔城历史中心东侧的一系列发展计划，凭借英吉利海峡隧道的建设带动其发展。根据总体规划，旧的地上火车站和新建的地下欧洲之星车站之间加设一条斜线，斜线沿西侧让·努韦尔（Jean Nouvel）设计的购物中心、停车场、写字楼、公寓和酒店的屋顶轮廓线以及东侧沿欧洲之星站线分布的新建公园架层分布。车站上部塔楼由克劳德·瓦斯克尼（Claude Vasconi）和克里斯蒂安·德·鲍赞巴克（Christian de Portzamparc）设计，构成包含停车场在内的综合体。

欧洲之星车站位于南北向轴线上，轴线东侧设置了环城大道，中间计划修建一个长岛状地下停车场。大都会建筑事务所（OMA）合伙人兼欧洲里尔项目负责人，弗洛里斯·艾尔克梅德（Floris Alkemade）说明了在面临公路、铁路、地铁和人行道融入城市某个节点的挑战下，如何攻克基础设施这一难关。其做法便是在欧洲之星车站和环城大道之间、岛式停车场中心区域地下深挖一个立方体大洞。大都会建筑事务所最初计划将皮拉内西空间设计成为一个宏伟的混合体，包含螺旋停车坡道、自动扶梯、电梯和地铁线路。从早期草图上盘旋空中的飞机寓意，

便可一窥大都会建筑事务所对于该项目基础设施带来的影响预期。

皮拉内西空间（L'Espace Piranésien）实际上是一个开放式地下地铁站，地面层设置了轨道。不巧的是，城市消防法规禁止汽车在地铁站内行驶，而且附近的高层建筑和公共建筑又进一步增加了火灾风险。尽管大都会建筑事务所的总体规划限定了场地倾斜截面和站台、塔楼、停车场、公园和努韦尔建筑的布局，但详细设计则交由一个法国建筑师和工程师团队负责。事实上，虽然皮拉内西空间算不上极其恢宏，但仍然是一个巨型体量，通过设置的停车平台、升降机和自动扶梯将欧洲之星车站广场与地面街道、地下停车场和地铁连接在一起。地下泊车建筑由安东尼·比尔（Antoine Béal）和卢多维奇·布朗卡特（Ludovic Blanckaert）设计，北侧位于勒·柯布西耶街（Le Corbusier Street）地下，南侧延伸150多米。汽车平台坐落在岩石上，大片水平面背靠皮拉内西空间，北侧和南侧墙体将其与停车平台隔开，隔离处设有大型“电视屏幕”窗口。最初在平台透过窗口可以欣赏整个场地风景，如今窗口拉上了布帘挡住了视野，但这片黑暗空间仍然能沐浴在些许阳光之下。

南停车场依旧保持其竣工时的模样：露石混凝土表面仅粉刷了四圈灰色矩形“道路标记”，每一圈内的数字表示每个区域的编号。车辆停放区和车行道之间的小路同样打上了一组小型灰色矩形标记。从内部来看，街面下四个楼层中回荡着古典音乐，足以驱散任何昏暗色调带来的恐惧感。而北停车场进行了大规模翻新。翻新作业使用油漆粉刷所有混凝土表面（墙壁、地板和拱腹），试图让这些昏暗空间焕然一新。原有标记经高光涂料粉刷后变为反光面。有趣的是，站在停车场“缝隙”内时，反光面反而加剧了压迫感，提升了人们对于窗外空间的感知度。

皮拉内西空间大胆地在轴线上停车平台设置窗户，让本不起眼的泊车建筑在城市中拥有了一席之地。对于停车的驾驶员来说，窗户提供了一个上部街道和地标定位点。

反面页上图：
整修前的南停车场
反面页下图：
整修后的北停车场

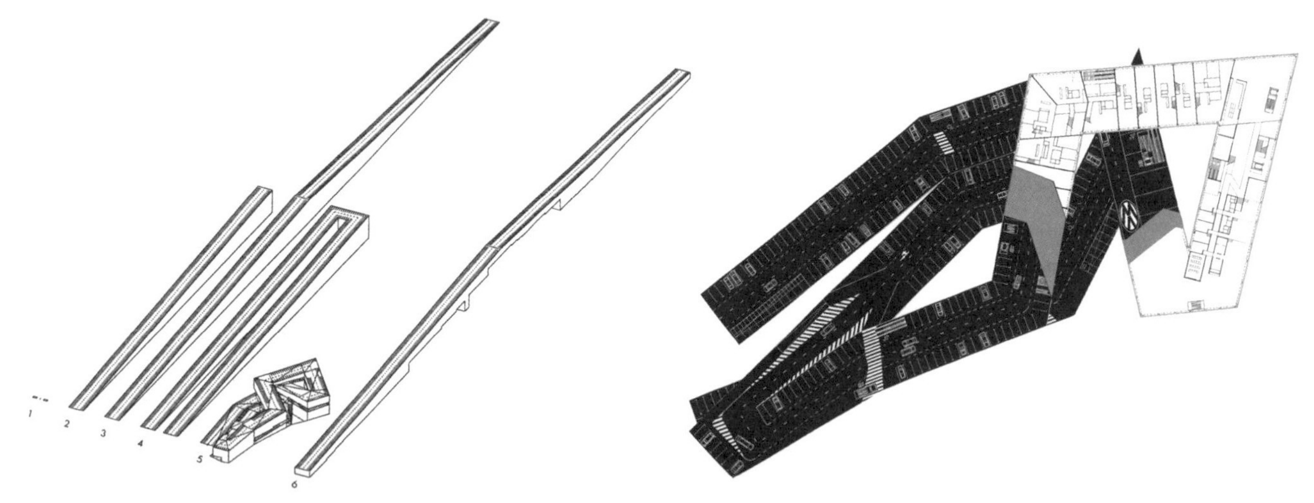
1
2
3
4
5
6

NL 建筑师事务所

阿姆斯特丹公园住宅 / 卡尔士达特（1994~1995 年）

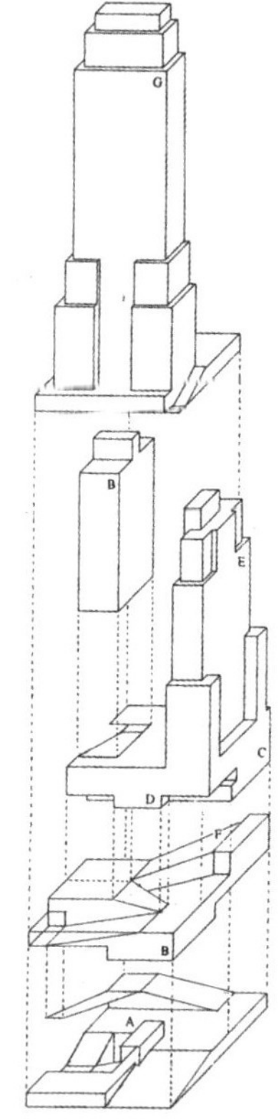

对于 NL 建筑师事务所（NL Architects）设计的公园住宅 / 卡尔士达特来说，最显著的特征莫过于其扭曲的形状，引发了人们对于美感、复杂性 VS 重复性、类型及建筑与基础设施关系甚至语言的争议。NL 建筑师事务所给人的印象是其对停车场建筑兴味盎然。虽然公园住宅 / 卡尔士达特最终未建成，但是其曾经被规划成阿姆斯特丹 14 世纪特定的历史核心区域，预计每天吸引的消费者人数能达到 4 万人次，每年累计 1400 万人次。考虑到空间有限，该项目试图建造方便进入的更高楼层，从而缓解底层商业空间的压力。但问题是，停车场能成为活力催化剂吗？伯兹·波特莫斯·拉萨姆建筑事务所（Birds Portchmouth Russum）的改造项目 – 克洛德米亚（Croydromia）（1993 年）参考了 20 世纪 60 年代娱乐设施屋面停车场，找到了一个类似的解决方案，以利用现有的便捷式停车场。

公园住宅 / 卡尔士达特开发前，NL 建筑师事务所制作了三套停车场图解模型，据此制作了许多有意思的图纸（详见第 206 页）。他们的本意是通过停车场为驾驶者提供多种用途，创造本地化标识。事务所注重实用性，方便驾驶者快速找到爱车。而他们的研究对引导我们理解泊车建筑的设计意向起着基础的至关重要的作用。

“混合体”

解决完重复性和标识性问题后，NL 建筑师事务所转向拼贴“混合体”的自主性问题，事务所的卡米尔·克拉斯（Kamiel Klaase）称其为一次颠覆性的尝试,试图将“汽车融入”受休·费里斯（Hugh Ferriss）绘制的美国式摩天大楼中。其做法是切掉岩石阶梯断面来修建坡道式停车平台，在深化设计图纸上，可以发现停车场沿其计划嵌入的方形建筑周边布置。该团队提出了如何让“停车空间和规划设施之间产生更直接关系”（详见 MVRDV 建筑师事务所设计的 VPRO 别墅）。他们指出，“如果建筑物吸引而来的汽车停放在自身结构内部，则可以称之为一体化停车场。”建筑师进一步指出，该设计优势明显，可以缓解公众停车压力，让停车和规划设施（办公室、商店或文化设施）关系更紧密。对于写字楼而言，能在办公室附近停车何乐而不为呢？

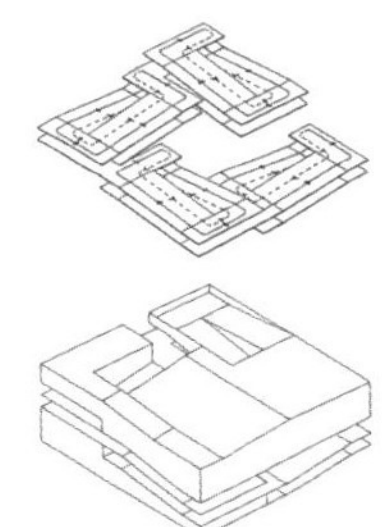

公园住宅 / 卡尔士达特的平面受不等边多边形场地制约。根据规划规定，高度限制在 30m。事务所采取的应对策略是将 19m × 2.5m 的平台按 6% 倾斜度倾斜上升至街面上 30m 处，总长可以达到 500m。下降段如法炮制。总的来看，该建筑作为阿姆斯特丹 Nieuwezijds Voorburgwal 购物街的 1km 延伸建筑。道路弯曲成马蹄形，绕离场址边线，形成数个设置在不同高度的停车平台，停车平台下方实体区交错分布着凿出的空间。该项目计划修建一个面积为 19000 平 m^2

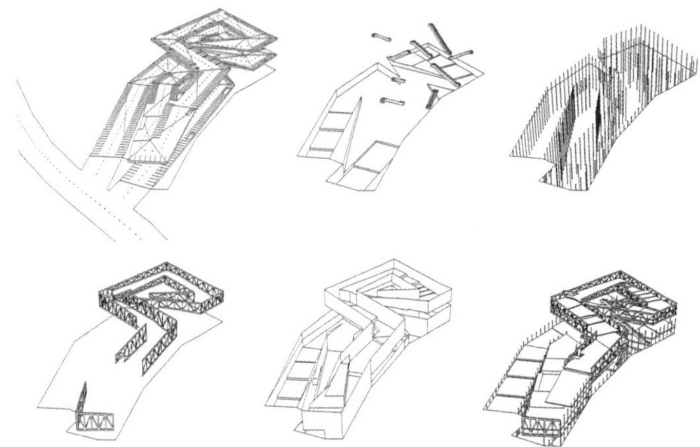

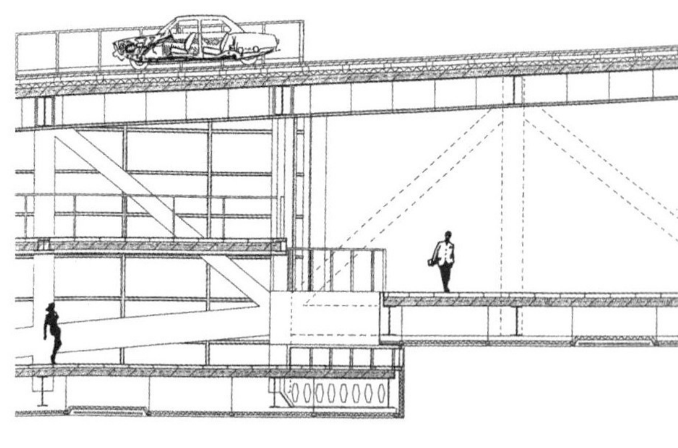

左图：建筑构件　上图：施工详图

的停车场，可容纳约 800 个停车位。底部空间建筑面积 35000m²，设有百货商场、商店、写字楼、公寓、餐厅、会议中心和酒店。大部分上行 / 下行路段的车行道上修建了商店门面，直接连通上述设施。一体化理念并非其独创，例如现已拆除的位于朴茨茅斯的三角中心（Tricorn Centre），在单体综合体内设置了写字楼、商店和停车场，但可能无法与倾斜设计带来的一体化或使用程度相媲美。倾斜设计的一体化程度在以下两个项目中表现得更为淋漓尽致，迈克尔·韦伯为伦敦莱斯特广场设计的 Sin 中心（1959~1962 年）和 MVRDV 建筑师事务所设计的莱德斯亨芬（Leidschenveen）城镇中心项目（1997 年）。

公园住宅 / 卡尔士达特项目包括六个要素：路面层（Nieuwezijids Voorburgwal 大街的延伸部分）；桁架（纵梁），用于支撑底部横跨的道路桥梁段；连接式行人自动扶梯；正立面（外表面）；桩基；路面下旋转体量内扭曲实体内部悬挑式水平住宅楼层。建筑师们仔细研究了沥青这种材料，因为连接“屋顶”和“道路”时，除了类型整合，还涉及施工技术和命名整合。查阅 1963 年的牛津英语词典后，发现词典中沥青的释义为既可以用于屋顶又可以用于路面的一种材料。建筑师声称，该计划方案可以“将旅程变成一段跨越斜面的愉悦之行，穿梭历史古城时享受视觉盛宴。基础设施和建筑物合二为一，屋顶即路面”。从其早期绘制的公园住宅 / 卡尔士达特项目拼贴式坡道类型示意图、图纸和模型中，可以发现坡道或连续面层充满趣味性的原因。相对于构造式静态泊车建筑，这些设计尝试建成别致生动的建筑。

该建筑为阿姆斯特丹 Nieuwezijds Voorburgwal 购物街 1km 长的延伸建筑。

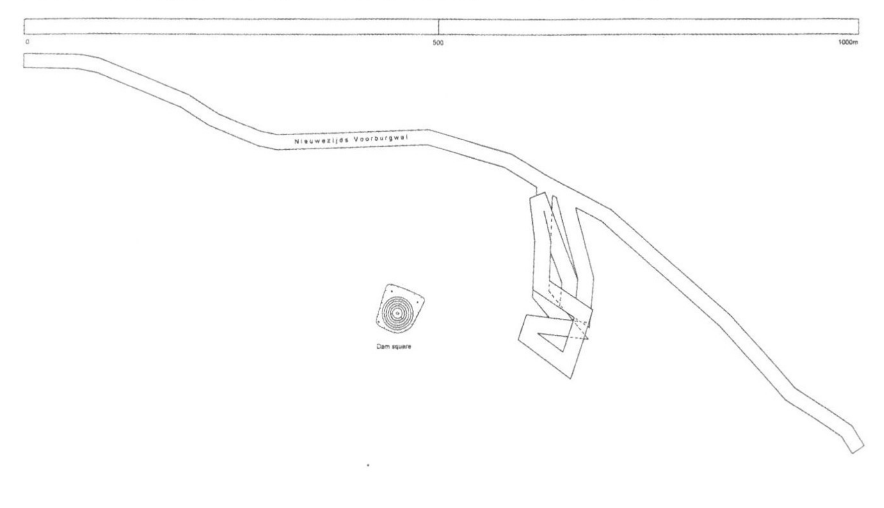

布肖·亨尼建筑师事务所
索尔福德“公园 + 慢跑”（1988 年）

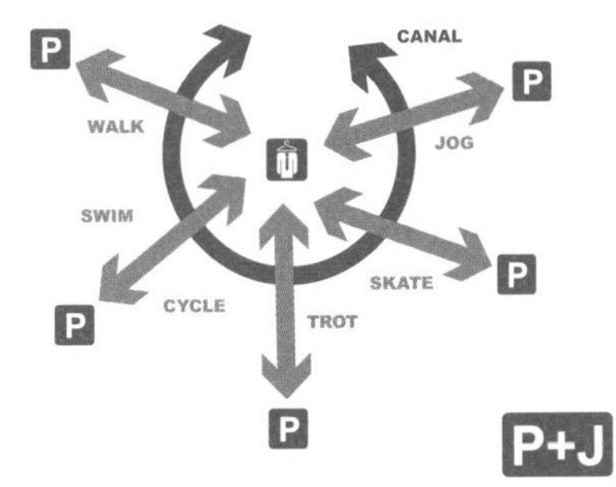

“公园 + 慢跑”是一个理念竞赛作品，竞赛要求将索尔福德大学校园被一条六车道公路分隔的两部分连接在一起。该设计方案利用一个线型“中央公园”连接郊区停车场 / 交通转驳处与市中心的“正装公园”。常规驻车换乘方案应用广泛，主要用来缓解市中心交通拥堵，而作为反常规的一种新设计，“公园 + 慢跑”提出了一个颠覆式通勤模式，计划修建一个占地 1 公顷的四层混合式“停车场”，采用混凝土结构。

索尔福德新月车站区域凸显了英国城市没落地区的一个普遍现象。以前住房与商业和购物中心融为一体，如今被分散的大规模道路基础设施搞得支离破碎，阻碍了中间区域的发展。这些没落地区达不到市中心的“密度”以及郊区空间的宽敞度。每次接二连三的城市无计划扩张都会加剧这片灰色区域的延伸。公园 + 慢跑模式将道路全部融入了多层停车场内，该停车场正好位于大学广场西侧。人们可以在此停泊汽车，更换衣服，换乘自行车或独木舟或跨上马鞍。从停车场引出的四条线路分别用作草地、沙地、水路和田径跑道。通勤者可以沿 1.2km 长的中央公园继续向东奔赴曼彻斯特市中心的行程：步行、慢跑、骑

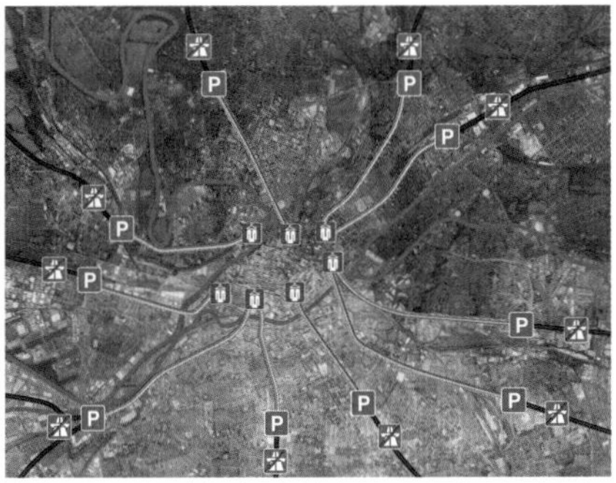

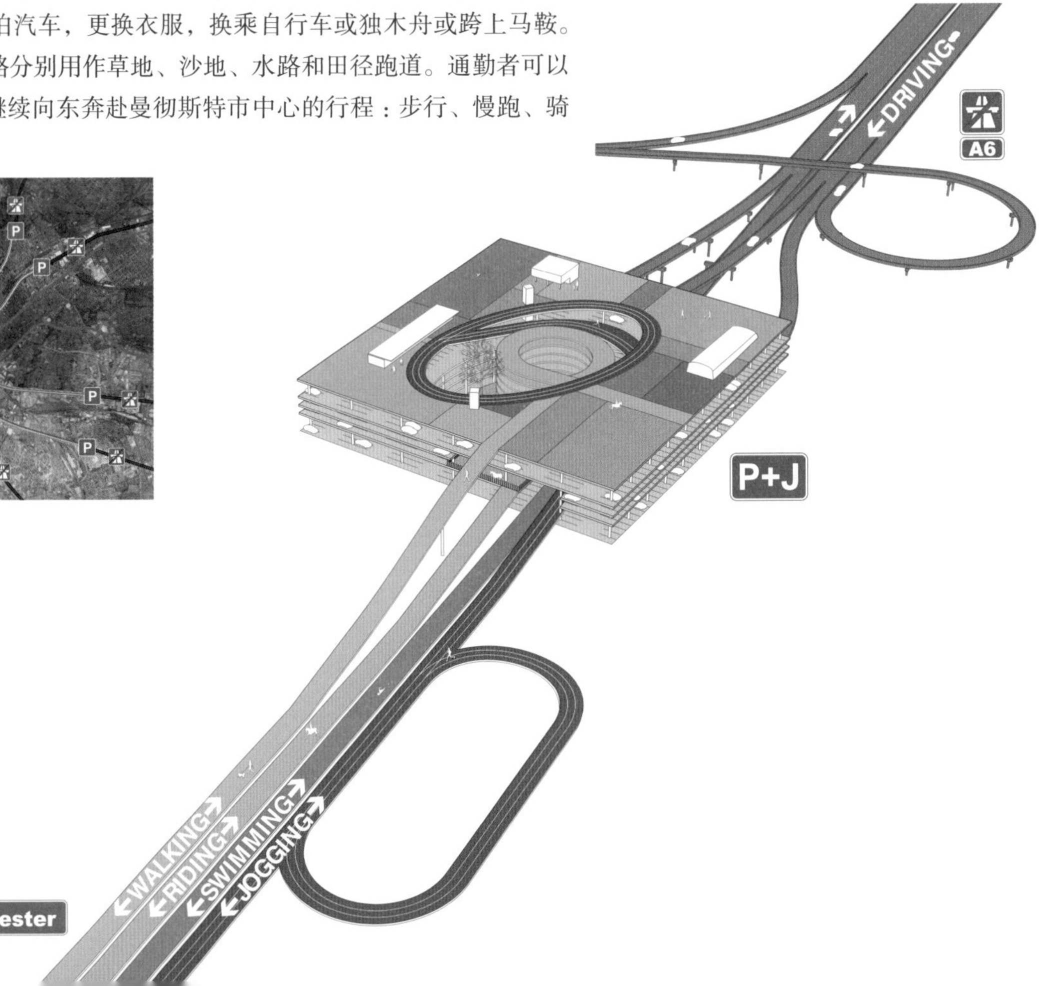

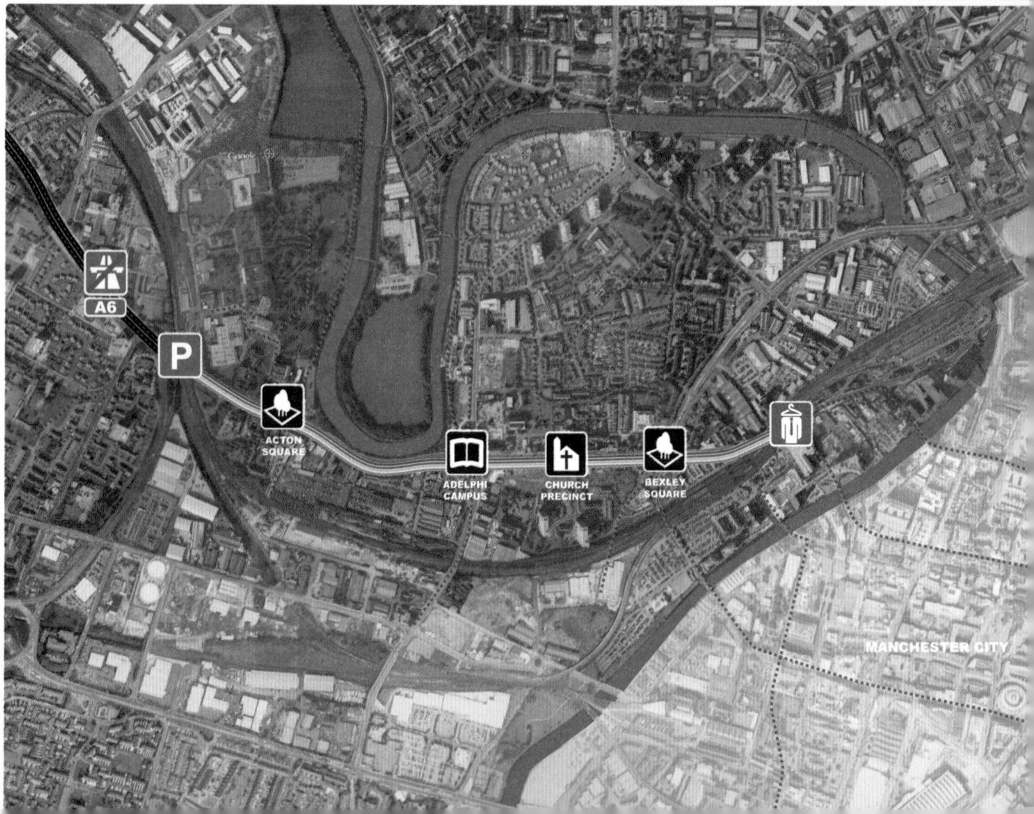

A6
P
ACTON SQUARE
ADELPHI CAMPUS
CHURCH PRECINCT
BEXLEY SQUARE
MANCHESTER CITY

自行车、滑旱冰、骑马、游泳或划船。保留的两条车道通向附近环形道路交叉口。

抵达市中心后，线型中央公园都接入正装公园（接入铁路高架桥的建筑结构）中部，通勤者可以在此沐浴更衣，八个小时后，踏上回家的路途。返回正装公园后，注重健康的通勤者先将其正装整夜存放于此，然后再从中央公园返回停车场。沐浴后，仍有闲暇在停车场屋顶咖啡厅小酌一番，然后再搭乘火车或取车回家。

停车场专门打造了一个带双螺旋汽车坡道的椭圆形花园，花园周边设有电梯和楼梯连接停车平台与屋顶。一条椭圆形的坡道将中央公园的跑道与停车场屋顶轨道连为一体。而屋顶本身就是一个活跃的市民空间，这是中央公园一系列新增项目的其中一项。屋顶结构包括一个设有带咖啡厅和更衣室的会馆、一个托儿所和一个“宠物托管所”。除了车位，主平台还设有马厩、独木舟和自行车存放架。单调停车平台的静态几何结构与活力无限及风景如画的椭圆形花园及复式车行道（连接西侧的道路平台和东侧的停车场）形成了鲜明对比。

公园 + 慢跑融合了一系列城市和郊区生活元素，包括交通基础设施、运动场、健身俱乐部和社会中心。借由人为创造的通勤条件和健康俱乐部让这片毫无生气的土地更为人性化，否则只会受困于交通情况而日趋恶化。事实上，线性公园有效地延伸了孤立的健身俱乐部，使其在“活动 – 空间地图”占据了一席之地。公园 + 慢跑试图切实地改变人们的生活方式，对曼彻斯特 / 索尔福德卫星城进行改造。每条围绕一公里中央公园设置的环路组成的径向公路无不彰显了该模式的痕迹。每条公路环绕城市分布，均设置了郊区停车场 / 道路立体枢纽和正装公园，该公园有间隔地与伊尔河（River Irwell）和曼彻斯特大运河（Manchester Ship Canal）相连，水道的环状路线和公园连为一体，构成了综合性绿色出行基础设施。公园 + 慢跑必然会彻底改变郊区的政治局面和冷漠的出行模式。

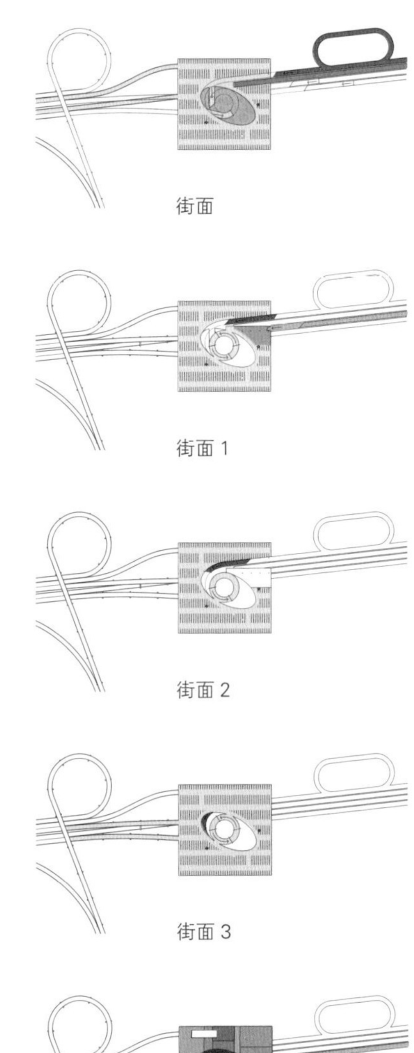
街面

街面 1

街面 2

街面 3

屋顶层

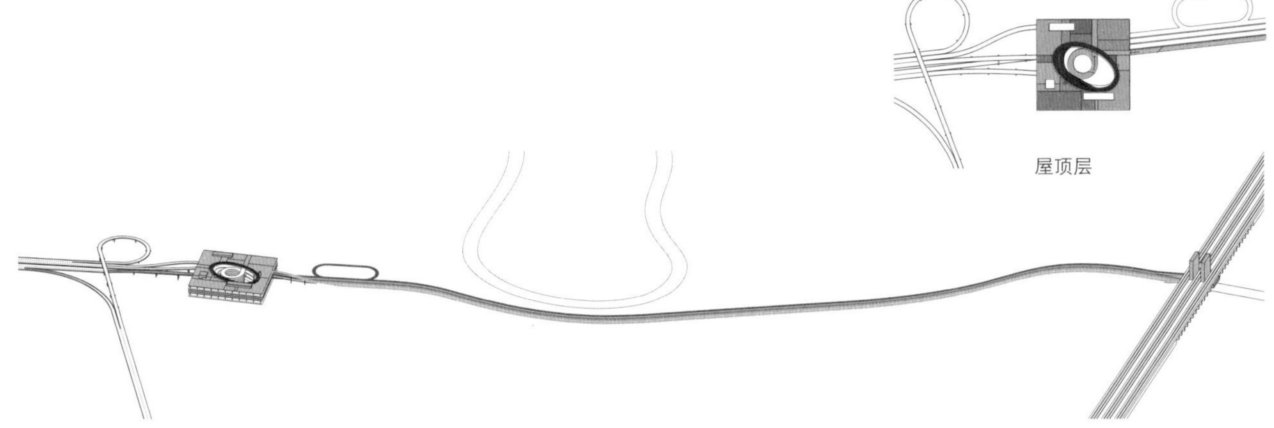

HAPPY NEW
HERAS
HERAS

VWX 建筑师事务所

阿姆斯特丹菲特森思塔凌自行车公园（2001 年）

新规则将汽车判决出局，取而代之的是自行车。相对汽车而言，自行车道更短更窄。VMX 建筑师事务所适时设计了一个可以停放 2500 辆自行车的公园，建筑横跨阿姆斯特丹中央火车站（Centraal Station）旁边情人码头（Lovers' Quay）对面的运河。受当地政府委托，项目于 1998 年开工，正好赶上新地铁线路、公交车站和行人地下通道的建设，旨在清理火车站前侧入口广场停放的大量自行车。

长 105m，宽仅为 13.4m 的建筑保有线性或度量上最重要的特性。建筑平面包含两个 6m 宽的平台，并行至码头，两端和中端均有连接通道，呈现出非对称剪刀式截面。相邻平台随码头起落，高差约 1.525m，倾斜度为 1/84。外侧平台跌落差为 5.75m，倾斜度为 1/8，其倾斜度约为另一块平台的 5 倍。斜面和反斜截面段（即中点和全长两层楼的高差）之间的高差约为一层楼高，两层楼的高差源于从邻近主桥的东侧二层楼建筑与邻近自行车车友小桥的四层楼建筑间的高度落差。该图还原了中部设有天桥的多层泊车建筑所采用的连续坡道模式，产生了起伏不平的山路效果，但是重复或下降过程中，可能会发生埃舍尔式错觉，迷失方向。

13 根混凝土横梁的支柱横跨过运河港地。沿外侧支柱分布的横梁构成 13 根桁架钢柱的基础，钢柱宽度使得平台间维度达到 1.4m。除了靠近码头的最低混凝土平台除直接采用横向梁支撑，其余五根钢质平台均采用中央悬臂式支撑。所有平台均为工厂预制，分成 12 个 8.2m 长、6m 宽、0.5m 厚的单体式盒体，

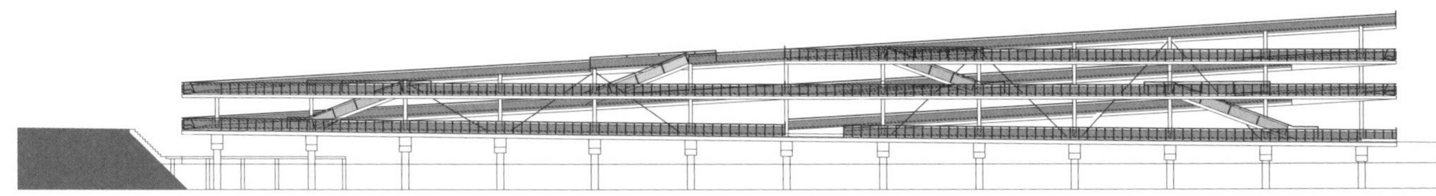

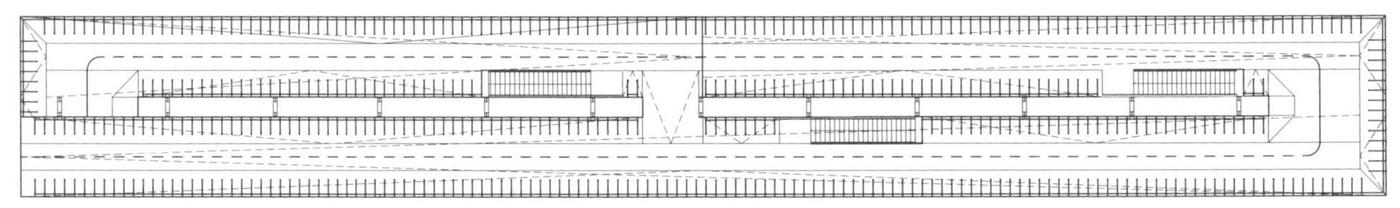

hotel ibis

跨越支撑钢梁和分布在两端的两个构造相似约 3.3m 的悬臂式盒体。组装时，应确保单体结构顶面靠在悬臂梁上。

水边平台和自行车的巨大负荷免不了会导致树形结构掉落运河。但是如果把 13 根圆形型钢和码头周边平台连接起来，整个悬臂结构将靠向底部混凝土平台，同时又受到立于运河内部的次级钢柱制约（这种情况下主要指拉力）。该结构方案对水边停车平台下部驳船的通行干扰最小。

每个 6m 宽的平台分成了一个 2m 的中央车道，两侧停车区宽度分别为 2m 和 0.75m。平台锥度是指从顶面回落到边缘的角度。在中央部位，顶部高度通常仅有 2.5m，平台至平台的高度为 3m。只有码头边混凝土平台与上部第一个钢材构造间的尺寸有差，此处中央顶部高度约为 3m，平台至平台的高度约为 3.5m。平台表面覆设了红色沥青，阿姆斯特丹的所有自行车道均使用此材料。自行车存放处与东侧直接与主桥连通，在西侧和中央部位与码头连通。

菲特森思塔凌自行车公园总长与其结构创意一致，借以强调其层次性，表明对其试图超越的 20 世纪 60 年代汽车停车场的批判，并在一定意义上属于超认识形态。[74] 自情人码头起，该建筑物仅仅引出了三条倾斜线条 – 由平台、栏杆和自行车元素组成的三明治夹层形式，可以参照其下部的水位进行测量。同时圆了现代城市自行车车友的一个白日梦，在“示范乡村停车场”内享受下行的快感。

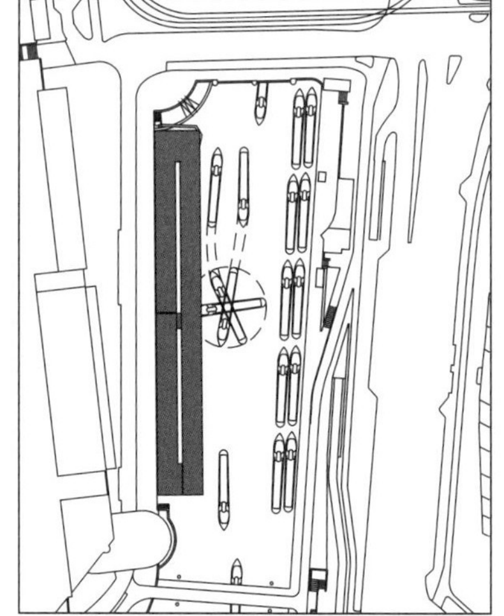

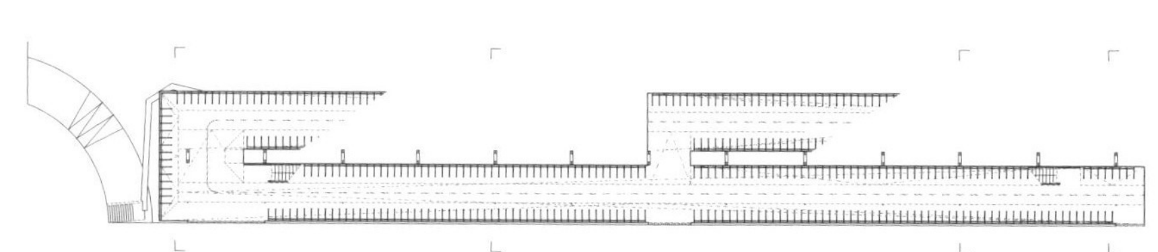

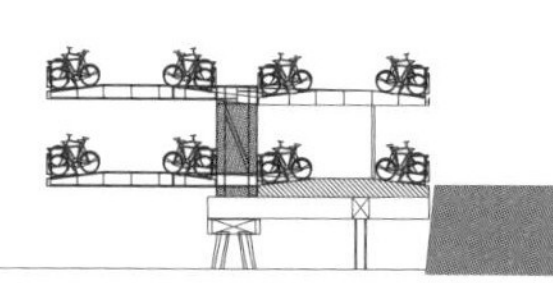

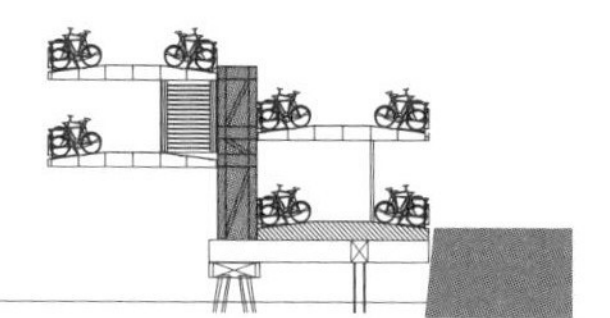

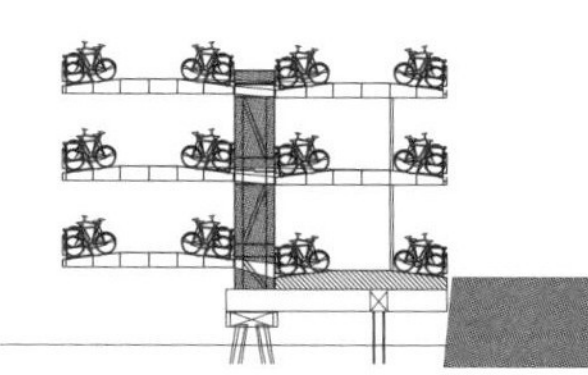

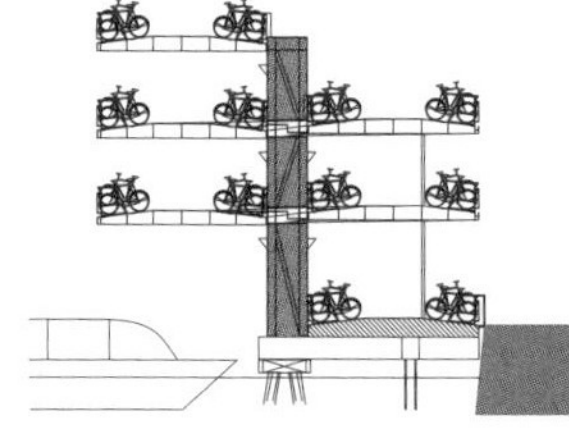

大都会建筑事务所
海牙地下通道（2004 年）

从街面看不到地下通道。

该地下通道由一条 1250m 长的隧道组成，该隧道位于海牙主要购物街的地下，包括一条电车线路、两个电车车站和一个容纳 375 个车位的停车场，由基础设施构成了建筑物。地下通道受市政当局委托设计，旨在预防可能出现的拥堵现象，实现市中心密度的剧增。此项目很适合大都会建筑事务所，他们认为基础设施存在的问题在于其容量不足以剥离其计划连接的设施，而其解决方案便是融合技术和直观性。隧道形状最初是根据轨道曲率和倾斜度来确定，随后将汽车坡道的倾斜度和汽车转弯半径纳入考虑。大都会建筑事务所还试图将车站隧道直接连接至邻近的地上商城。

建筑师的关键决策是将电车轨道置于（最大）12m 深处，利用一个相当深的地下位置来营造洞穴状车站体量，在车站中间插入一个双层停车场。替代方案是将停车平台置于有轨电车线路和车站下方，如此可以避免施工对车站运行的干扰。平台跨越沉箱挡土墙，车站上方，圆形钢吊架将仅 200mm 厚的停车平台尾部悬挑在半空中，平台与汽车坡道、人行桥、阶梯式行人坡道、楼梯和电梯交织在一起。无论是 1250m 长的洞体还是内部设施，其截面都应不断变化，根据建筑师的设想，如此可以引导游客前行。虽然阳光已无用武之地，但人们确实偶尔能感知到天空的存在。

隧道修建过程中突然出现了漏缝，当时只能采用和修建水下桥梁沉箱类似的技术继续承压施工。和深海潜水员一样，建筑工人在每个轮班结束时进入减压舱。当高额费用和施工延误出现时，自然要想方设法节约成本，所以取消了挡土墙铝包层、管道套管和车站上方的混凝土支撑梁木包层。同时，这些节约措施表明，施工技术是针对基础设施而不是建筑物的，直接导致简单建筑中呈现了一种移动的动态性。当时决定采用暴露型混凝土结构时，地方当局设计官员曾决议取消该项目，由于市长驳回此决议才得以平息。与不加修饰的混凝土挡土墙和拱腹不同，乘客触及的表面，即车站站台层采用了木饰面。唯一令人惋惜木隔挡把停车平台和车站大堂隔开了。木板本身显得不合时宜，而且这种细分破坏了几何形状和混凝土平台的精致剖面。

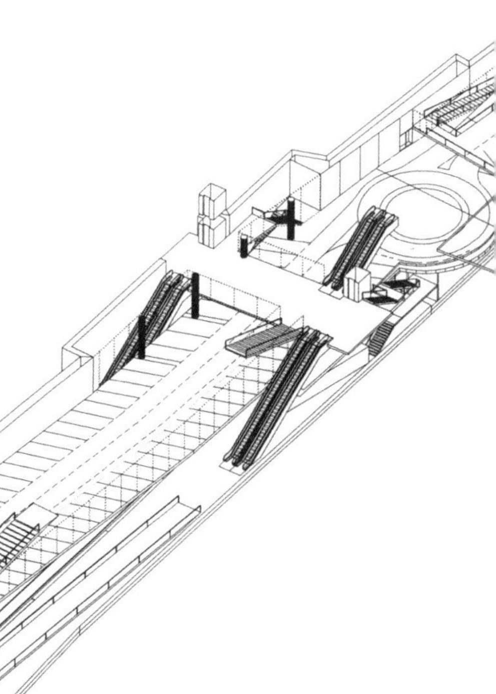

SONY
MediaMarkt
S 567

相对狭窄的隧道使得停车场呈现梯形布置，增加了停车场的动态性。产生的线性度适合修建公路，为了显得更直观，在中间布置了两个环状交叉路口和各种坡道及支路来连接平台以及上部街道入口。一个圆环岛种满了大片竹子灌木丛，采用强荧光灯照明，从远处看，灯光好似日光，使人联想到通向上部街面生活的入口。尽管大都会建筑事务所尝试与外部世界相关联，但遗憾的是当前环境不适合绿化种植。

竣工后，地下通道很大程度上处于独立运行状态，它传达了一个残酷的现实，不过是一个挖洞形成的建筑，对运行造成的明显干扰在于叠加层依次从地下赫然耸立或浮现出来，整个通道如同敷设了有触感的木材。如今通道上方的步行街和商店林立的街道几乎荒废，从中只看得出丝毫甚至一点也找不到地下场景的痕迹。在某种程度上来说，这是当地政府和周边商家的失误，当时不准建筑师将安特卫普大广场站（Grote Markt）地貌继续延伸至此公共领域，从而为地下建筑创建一个新的上方广场和一个展示立面。当地的餐馆老板担心 3° 坡道斜度不太合适，可能会影响人们饮用咖啡。尽管大都会建筑事务所对斜坡居住性进行了研究，但讽刺的是荷兰人拒绝采用戏剧化的公共空间，无法与意大利山镇的公共空间相媲美。

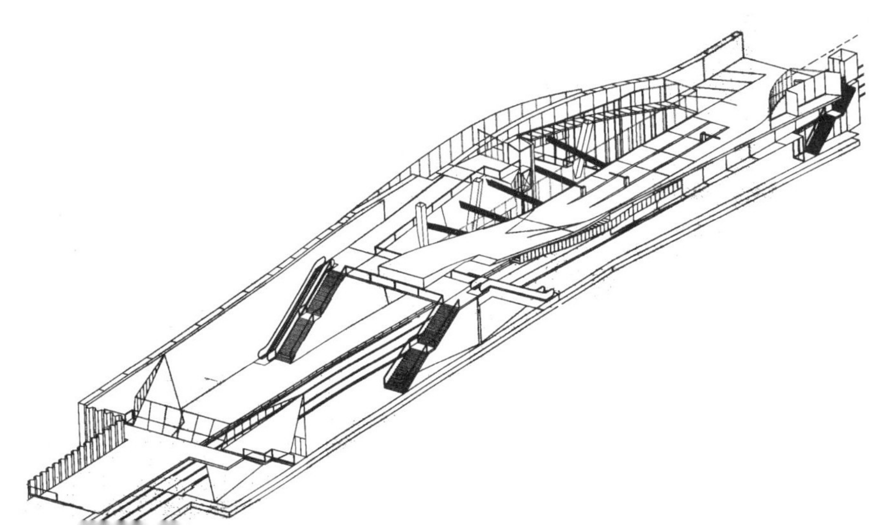

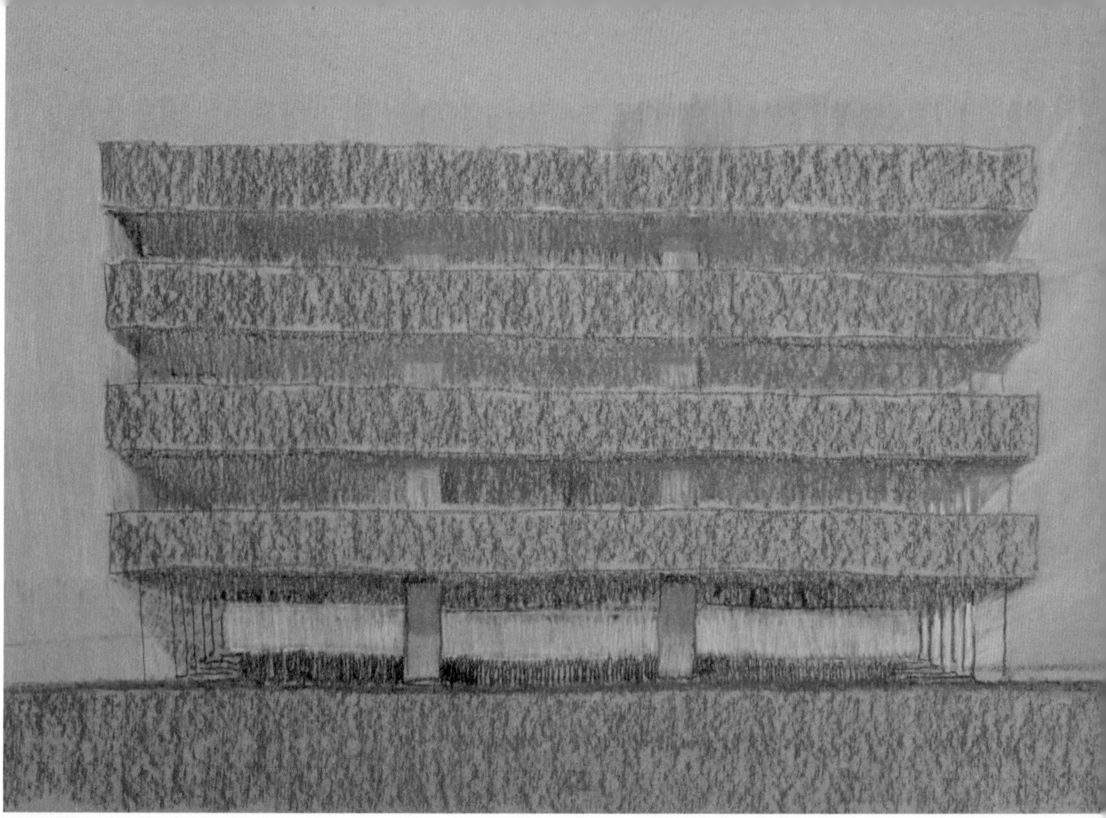

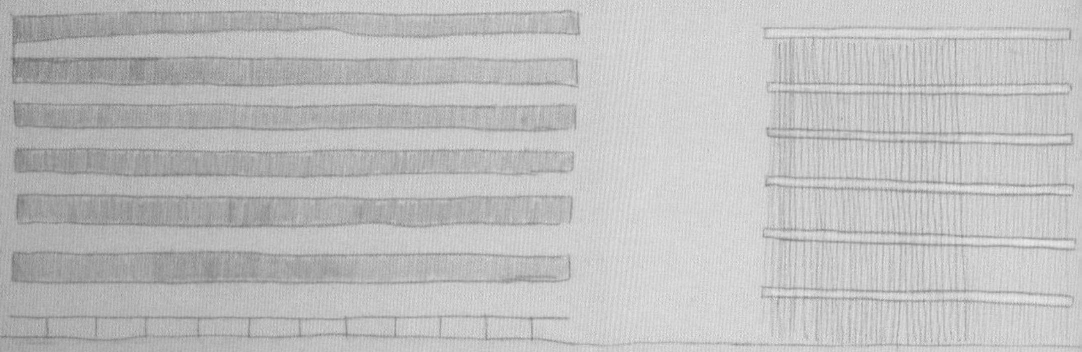

结语

多层停车场是一种隐秘架构，一个多世纪以来一直与时俱进，展现技术上可行情感上有趣的想法，所有伟大的案例都标志着审美的进步。对于建筑师而言，形态受功能影响有限的停车场是一项意义非凡的委托项目。1910 年阿道夫 · 路斯（Adolf Loos）根据观察总结道，“只有一小部分建筑物属于艺术品：坟墓和纪念碑。其他所有功能性建筑都被排除在外……”[75]。可以肯定但并非绝对的是，这些空间规范赋予了这些建筑物一些易于识别的特性，但是，空间无法用图画表示，几何形状以及自主性与环保性能比例都无关痛痒。

西蒙·亨利“束腹”停车场（1989 年）（学生项目）

当意向更加明确，想法更加透明之后，即作品主要素材和其他作品更直观后，便可借此评估一个建筑师在抽象性、表现手法、场景设置、工艺、同质性和异质性、复杂与纯粹的几何形状，物质理念、秩序和重复理念的偏好；或者作出让步，隐藏功能。这些半成品杆系结构毫无保留，直接明了。

在此由衷感激荷兰人尤其是大都会建筑事务所在倾斜度方面的洞察力。变革可追溯到 1993 年的朱苏大学图书馆项目，其中的坡道设计打开了感知的门户。在这之前，多在屋顶建筑和停车场发现双曲表面，但是这些不过是一时兴起别出心裁地应用几何构形而已。自此之后，双曲几何成为了一种建筑表现方法。在没有地域之分的情景下，建筑师总会自觉或不自觉地使用双曲线形式来融合地点和地形感，这是全球文化时期城市中盛行的一种状态。我认为，多层停车场的叛逆性使其更适合此类表现方式。

现如今，作为一个建筑师，我对于停车场的兴趣多是被其可能性吸引。我仍记得孩提时代爬上布里斯托尔（Bristol）和巴思（Bath）各种停车场的错层式平台的经历。在利物浦学建筑时，我和一个朋友拂晓时骑行至圣约翰购物中心屋顶停车场。后来移居到伦敦，我多次骑车观光停车场，从这些人造的地上和地下斜坡中体会到了乐趣。无论我去哪儿旅行，都会探寻那座城市中不可思议的区域（停车场），开车上下坡道，体验建筑物强加给汽车的极限挑战感。而进入开放式道路的感觉，就好像穿越一条明亮的隧道，移动感很强，反射面同时将声音和空间抛在脑后。

如果要全方位地概括当代泊车建筑，那就是荷兰人寻求震撼感，德国人寻求愉悦感，其他人则非此即彼，分属这两个阵营。当城市及其日常场所可以真正开始应用别出心裁和振奋人心的设计时，这些建筑就已然成为过去式了。这种乌托邦的状态下，政府极其乐观，不会考虑个体的脆弱性。其后发生了一件事，也许是源于库布里克（Kubrick）的电影《发条橙》（A Clockwork-Orange），个体心理体验成了一种社会公害。建筑物无法同时兼具魅惑性和责任感。如今令人欣慰的是新一代停车场的建筑师们试图发掘一种积极的情感反应，或触动心灵或振奋人心。虽然现在会自觉将大型泊车建筑归为建筑物，但那些不知名的泊车建筑同样需要得到认可，他们可能貌不惊人，平淡无奇，但同样美丽动人。

第 248 页顶部：
西蒙·亨利，未命名，粉笔画板（2006 年）
第 248 页底部：
西蒙·亨利，未命名，粉笔画布（2006 年）
反面页：
西蒙·亨利莫古滇
驶向停车场的回廊 1（1989 年）

参考文献

Introduction

1. Novelist J.G. Ballard (*Crash*, 1973); artists/photographers Ed Ruscha, Rita McBride, Carsten Meier, Rut Blees Luxemburg; film directors Peter Yates (*Bullit*, 1968), Michael Hodges (*Get Carter*, 1971), Michael Winner (*Scorpio*, 1973), Walter Hill (*The Driver*, 1978).

2. J.B. Jackson, 'The Domestication of the Garage', in *The Necessity for Ruins and Other Topics* (Amherst, MA, 1980), 104.

3. Chicago Automobile Club, located in Plymouth Place, Chicago, is illustrated in *Architectural Record* 22:3 (September 1907): 214.

4. Jackson, 104.

5. H. Robertson, 'Motor Garages in Paris: Striking Treatments of a Modern Problem', *The Architect & Building News* 120:3117 (14 September 1928): 342.

6. V. Gruen, 'Retailing and the Automobile: A Romance Based Upon a Case of Mistaken Identity', *Architectural Record 127:3* (March 1960): 195. Gruen cites United States Census Bureau records for data.

7. Ibid., 197.

8. W. Boesiger, *Richard Neutra: Buildings and Projects* (Zurich, 1951), 136. The project is illustrated with two model photographs and a very brief statement. There is no other record of this design.

9. See D. Klose, *Multi-Storey Car Parks and Garages* (London, 1965), 41, and *Parking*, ed. G. Baker and B. Funaro (New York, 1958), 149. Klose gives the date as 1948, whereas Baker and Funaro give a date of 1949.

10. Baker and Funaro, 149.

11. R. Banham, *Megastructure* (London, 1976), 168.

12. See A. Rossi, *The Architecture of the City* (1966; repr. Cambridge, MA, 1982) and C. Rowe and F. Koetter, *Collage City* (Cambridge, MA, 1978).

13. 19 m² reflects European dimensions.

14. R. Hattersley, *Fifty Years On: A Prejudiced History of Britain Since the War* (London, 1997), 228.

15. 'Press Park: Car Park into Offices', *Architectural Review* 183:1094 (April 1988): 74. Transparent partitions were designed to compensate for the deep plan and low ceiling heights behind the façades. Plans, sections and colour photographs are reproduced in the article.

16. M. Graves, 'Roman Interventions', in 'AD Profile 20: Roma Interrotta', special issue, *Architectural Design* 49:3/4 (1979): 4.

Aesthetic Influence

17. See *FARMAX: Excursions on Density*, ed. W. Maas, J. van Rijs and R. Koek (Rotterdam, 1998), 394–409, and 'MVRDV 1991–97', special issue, *El Croquis* 86 (1997): 164–67.

18. K. Frampton, *Modern Architecture: A Critical History* (London, 1980), 85.

19. Ibid., 189–90.

20. P. Virilio, 'Architecture Principe', in *AA Documents 3: The Function of the Oblique: The Function of the Oblique: The Architecture of Claude Parent and Paul Virilio 1963–1969, ed. Pamela Johnston (London,* 1996), 12–13.

21. Floris Alkemade in discussion with the author.

22. K. Frampton, *Studies in Tectonic Culture: The Poetics of Construction in Nineteenth and Twentieth Century Architecture* (Cambridge, MA, 1995), 2.

23. Archizoom Associates, 'No-Stop City; Residential Parkings; Climatic Universal System', *Domus* 496:791 (March 1997): 49–55.

24. In Europe, the parking bay is 2.4 m wide by 4.8 m deep; in the US, it is 2.8 m by 5.8 m. European carriageways are 6.1 m with parking bays each side, a deck is 15.7 m wide. Echelon parking generates the only significant variation to the deck dimension by reducing the deck width and necessitating a one-way system.

25. Here each lift served twenty-nine stalls, the sixteen lifts served 464 cars in total. The Zidpark system was designed to serve between twenty-four and sixty cars per lift on six to fifteen levels, and allowed for two cars to be parked either side of the lift on each level.

26. Architect and writer Sam Webb in discussion with the author.

27. Rotapark was invented by Griggs & Sons in the UK, funded by Lex Garages. Each revolving parking deck or 'shelf' could accommodate twenty-eight US or thirty-two European cars. Its optimum height was ten storeys, with a capacity of 320 cars.

28. 'Vertical Car Park "Rotapark"', *The Builder* (November 9, 1956): 796.

Matter

29. S. Rabinowitz and C. Rattemeyer, *Rita McBride*, catalogue, exhibition, Annemarie Verna Galerie/Mai 36 Galerie, Zurich, 27 March–22 May, 1999 (New York, 1999). McBride has produced a number of sculptures reproducing car-park forms, including sand-cast bronzes *Parking Garage with Curve* (1992) and *Parking Structure with Curve* (1997).

30. See M. Gage, *Guide to Exposed Concrete Finishes* (London, 1970).

31. D. Leatherbarrow and M. Mostafavi, *On Weathering: The Life of Buildings in Time* (Cambridge, MA, 1993), 31–32.

32. See *B. Woods, 'Turning Circle: Cullen Payne in Dublin', Architecture Today* 159 (June 2005): 24–30.

Temple Street, New Haven

33. 'Four Current Projects by Paul Rudolph: A Parking Garage for 1500 Cars', *Architectural Record* 129:3 (March 1961): 152.

34. See A. Rossi, 103–7.

35. B.P. Spring and D. Canty, 'Concrete: A Special Report', *Architectural Forum 117* (September 1962): 89.

36. Compare this to Le Corbusier's late work using *béton brut*. Leatherbarrow and Mostafavi note that

'Le Corbusier's buildings in rough concrete represent another tradition, one in which marks are seen to be inevitable...[the] weathering marks were seen as part of the finish of the building – even though this finished developed over time.' Leatherbarrow and Mostafavi, 110.

Tricorn Centre / Trinity Square

37. Owen Luder in discussion with the author.

38. Ibid.; R. Gordon, 'Modern Architecture for the Masses: The Owen Luder Partnership 1960–67', in 'The Sixties', special issue, *Journal of the Twentieth Century Society* 6 (2002): 71–80.

Veterans Memorial Coliseum

39. Project notes from the architects.

Braun Headquarters

40. M. Wilford and T. Muirhead, *James Stirling Michael Wilford and Associates: Buildings & Projects 1975–1992* (London, 1994), 169.

Car Park and Terminus, Hoenheim-Nord

41. 'Zaha Hadid: 1996/2001', special issue, *El Croquis* 103 (2001): 140.

Elevation

42. A charcoal sketch of the project was included in the exhibition '*Mies in Berlin*', Museum of Modern Art, New York, 21 June–11 September 2001.

43. Klose, 102–5.

44. *Frank Gehry Buildings and Projects*, ed. P. Arnell and T. Bickford (New York, 1985), 184.

45. R. Venturi, D. Scott Brown and S. Izenour, *Learning From Las Vegas* (Cambridge, MA, 1972), 161. The authors are here referring to the 'Flamingo' sign at the Flamingo Hotel, Las Vegas.

46. *The Architecture of Frank Gehry*, catalogue, exhibition, Walker Art Center, Minneapolis, 21 September–16 November, 1986 (New York, 1986), 84.

47. *Venturi, et al.*, 139.

48. Ibid., 87.

Debenhams, London

49. Unpublished notes of The Concrete Society's visit to Debenhams car park, Welbeck Street, London (1970).

50. Frampton, *Studies in Tectonic Culture*, 2.

60 East Lake Street

51. See Baker and Funaro, 66–67. Parking Facility Nos 2, 3, 9 and 10 are illustrated.

52. PROJECT NOTES FROM THE ARCHITECTS.

53. Ibid.

Takasaki Parking Building

54. K. Kuma, 'Glass/Shadow', in 'Kengo Kuma: Digital Gardening', special issue, *SD* 11:398 (November 1997): 70.

55. B. Bognar, *Kengo Kuma Selected Works* (New York, 2004), 24, 33.

56. G. Lynn, 'Pointillism', in 'Kengo Kuma: Digital Gardening': 46.

57. K. Kuma, 'Relativity of Materials', *The Japan Architect* 38 (2000): 86.

Light

58. R. Furneaux Jordan, *A Concise History of Western Architecture* (London, 1969), 202.

Avenue de Chartres, Chichester

59. The architects in discussion with the author.

Parkhaus am Bollwerksturm

60. Project notes from the architects.

Hamburg Airport

61. See A. Pérez-Gómez, 'Symbolic Geometry in French Architecture in the Late Eighteenth Century', in *Architecture and the Crisis of Modern Science* (Cambridge, MA, 1983), 129–61.

Obliquity

62. *Archigram*, ed. P. Cook (1972; repr. New York, 1999), 12.

63. Drawings showing the different levels and uses for 'Working Babel' are illustrated in '*OMA/ Rem Koolhaas*, 1987–1998', special issue, *El Croquis* 53+79 (1998): 80–81.

64. R. Koolhaas, *Delirious New York: A Retroactive Manifesto for Manhattan* (1978; repr. New York, 1994), 152–159.

65. '*OMA/Rem Koolhaas*: 1987–1998': 80–81.

66. *FARMAX: Excursions on Density*, 384.

Yuzen Vintage Car Museum

67. *Morphosis: Buildings and Projects, 1989–1992*, vol. 2 (New York, 1994), 240–55.

Car Park for 1,000 Vehicles

68. The project architect for the Soviet pavilion was Berthold Lubetkin, architect of the Penguin Pool at London Zoo (1933), which celebrated the playfulness of these animals with a pair of dynamic, interlocking concrete ramps.

69. S.F. Starr, *Melnikov: Solo Architect in a Mass Society* (Princeton, NJ, 1978), 103–105; *Living Bridges: The Inhabited Bridge, Past, Present and Future*, ed. P. Murray and M.A. Stevens, catalogue, exhibition, Royal Academy of Arts, London, 26 September–18 December 1996 (London, 1996), 97; J.N. Baldeweg and A. Jaque, *Melnikov: Car Park for 1000 Vehicles, 2nd Version, Paris, 1925* (Alcorón, Madrid, 2004), 44.

70. Baldeweg and Jaque, 45.

71. Ibid., 46.

72. Ibid, 46.

Marina City, Chicago

73. M. Ragon, *Goldberg: Dans La Ville, On the City* (Paris, 1985), 18.

Fietsenstalling, Amsterdam

74. PROJECT NOTES FROM THE ARCHITECTS.

Conclusion

75. A. Loos, 'Architecture' (1910), in *The Architecture of Adolf Loos*, trans. Wilfried Wang (London, 1985), 108.

Archigram, ed. P. Cook (1972; repr. New York, 1999).

The Architecture of Frank Gehry, catalogue, exhibition, Walker Art Center, Minneapolis, 21 September – 16 November, 1986 (New York, 1986).

Architectural Record 22:3 (September 1907): 214.

Archizoom Associates, 'No-Stop City; Residential Parkings; Climatic Universal System', *Domus* 496 (March 1997): 49–55.

R. Banham, *Megastructure* (London, 1976).

J.N. Baldeweg and A. Jaque, *Melnikov: Car Park for 1000 Vehicles, 2nd Version, Paris, 1925* (Alcorón, Madrid, 2004).

W. Boesiger, *Richard Neutra: Buildings and Projects* (Zurich, 1951).

B. Bognar, *Kengo Kuma Selected Works* (New York, 2004).

FARMAX: *Excursions on Density*, ed. W. Maas, J. van Rijs and R. Koek (Rotterdam, 1998).

'Four Current Projects by Paul Rudolph: A Parking Garage for 1500 Cars', *Architectural Record* 129:3 (March 1961): 152–154.

K. Frampton, *Modern Architecture: A Critical History* (London, 1980).

–––––, *Studies in Tectonic Culture: The Poetics of Construction in Nineteenth and Twentieth Century Architecture* (Cambridge, MA, 1995).

Frank Gehry: Buildings and Projects, ed. P. Arnell and T. Bickford (New York, 1985).

R. Furneaux Jordan, *A Concise History of Western Architecture* (London, 1969).

M. Gage, *Guide to Exposed Concrete Finishes* (London, 1970).

R. Gordon, 'Modern Architecture for the Masses: The Owen Luder Partnership 1960–67', in 'The Sixties', special issue, *Journal of the Twentieth Century Society* (2002): 71–80.

M. Graves, 'Roman Interventions', in 'AD Profile 20: Roma Interrotta', special issue, *Architectural Design* 49:3/4 (1979): 4–5.

V. Gruen, 'Retailing and the Automobile: A Romance Based Upon a Case of Mistaken Identity', *Architectural Record 127:3* (March 1960): 192–210.

R. Hattersley, *Fifty Years On: A Prejudiced History of Britain Since the War* (London, 1997).

J.B. Jackson, 'The Domestication of the Garage', in *The Necessity for Ruins and Other Topics* (Amherst, MA, 1980).

D. Klose, *Multi-Storey Car Parks and Garages* (London, 1965).

R. Koolhaas, *Delirious New York: A Retroactive Manifesto for Manhattan* (1978; repr. New York, 1994).

K. Kuma, 'Glass/Shadow', in 'Kengo Kuma: Digital Gardening', special issue, *SD* 11:398 (November 1997): 70.

–––––, 'Relativity of Materials', *The Japan Architect* 38 (2000): 86.

D. Leatherbarrow and M. Mostafavi, *On Weathering: The Life of Buildings in Time* (Cambridge, MA, 1993).

Living Bridges: The Inhabited Bridge, Past, Present and Future, ed. P. Murray and M.A. Stevens, catalogue, exhibition, Royal Academy of Arts, London, 26 September–18 December 1996 (London, 1996).

A. Loos, 'Architecture' (1910), in *The Architecture of Adolf Loos*, trans. Wilfried Wang (London, 1985).

G. Lynn, 'Pointillism', in 'Kengo Kuma: Digital Gardening', special issue, *SD* 11:398 (November 1997): 46.

Morphosis: Buildings and Projects, 1989–1992, vol. 2 (New York, 1994).

'MVRDV: 1991–1997', special issue, *El Croquis* 86 (1997).

'OMA/*Rem Koolhaas*: 1987–1998', special issue, *El Croquis* 53+79 (1998).

Parking, ed. G. Baker and B. Funaro (New York, 1958).

A. Pérez-Gómez, *Architecture and the Crisis of Modern Science* (Cambridge, MA, 1983).

'Press Park: Car Park into Offices', *Architectural Review* 183:1094 (April 1988): 72–74.

S. Rabinowitz and C. Rattemeyer, *Rita McBride*, catalogue, exhibition, Annemarie Verna Galerie/Mai 36 Galerie, Zurich, 27 March–22 May 1999 (New York, 1999).

M. Ragon, *Goldberg: Dans La Ville, On the City* (Paris, 1985).

H. Robertson, 'Motor Garages in Paris: Striking Treatments of a Modern Problem', The Architect & Building News 120:3117 (14 September 1928): 341–344.

A. Rossi, *The Architecture of the City* (1966; repr. Cambridge, MA, 1982).

'Vertical Car Park "Rotapark"', *The Builder* (November 9, 1956): 796–797.

C. Rowe and F. Koetter, *Collage City* (Cambridge, MA, 1978).

B.P. Spring and D. Canty, 'Concrete: A Special Report', *Architectural Forum* 117 (September 1962): 78–96.

S.F. Starr, *Melnikov: Solo Architect in a Mass Society* (Princeton, NJ, 1978).

R. Venturi, D. Scott Brown and S. Izenour, *Learning From Las Vegas* (Cambridge, MA, 1972).

P. Virilio, 'Architecture Principe', in AA *Documents 3: The Function of the Oblique: The Architecture of Claude Parent and Paul Virilio 1963–1969, ed. Pamela Johnston (London,* 1996).

M. Wilford and T. Muirhead, *James Stirling Michael Wilford and Associates: Buildings & Projects 1975–1992* (London, 1994).

B. Woods, 'Turning Circle: Cullen Payne in Dublin', Architecture Today 159 (June 2005): 24–30.

'Zaha Hadid: 1996–2001', special issue, *El Croquis* 103 (2001).

索引

致谢

With thanks to Lucas Dietrich, Elain McAlpine and Cat Green at Thames & Hudson; to all contributing architects for providing drawings and texts and many photos free of copyright, especially Andrés Jaque for allowing the reproduction of his analytical/explanatory diagrams of Melnikov's Car Park for 1,000 Vehicles (pp.220, 222–223), Mike Webb for reworking his illustrations (p.209), Owen Luder for supplying various manuscripts including archive drawings of the Tricorn Centre, and Wilford Schupp Architekten for supplying the Braun Headquarters site plan (p.81); to Annabel Taylor for her help in researching the illustrations of Parc des Célestins, Megan Yates for her structural engineering advice, and Sue Foster for access to the Building Design archive; to my partners Ralph Buschow, Gavin Hale Brown and Ken Rorrison for supporting this endeavour; to Bruno Silvestre for his Portuguese translation and Rhona Lord for her help with Japanese correspondence; to Alex Flockhart (pp.115–117), Franziska Lindinger (pp.225, 227), Craig Linnell (p.104), Donncha O'Shea (pp.57, 59, 225), Guido Vericat (pp.119, 123), Conal McKelvey (p.67) and Susannah Waldron (pp.63–65) for preparing original case-study drawings; to Ros Diamond for her advice and editorial direction, Sue Barr (www.heathcotebarr.org)for her collaboration on the photography and Mark Diaper for his observations and the design of the book; and to my wife Claire for her thoughts and patience.

Aranda/Lasch 216–217; Luís Ferreira Alves 159; Autostadt GmbH 108; Sue Barr 33–40, 56, 57 (top), 59, 60 (top), 61 (top and bottom left), 62–68, 89–96, 130, 131, 145–152, 193–200; Courtesy of B. Braun Melsungen AG 14, 78 (top left), 79, 80 (top and bottom left); Bertrand Goldberg Archive, Ryerson & Burnham Archives, The Art Institute of Chicago 224; Birds Portchmouth Russum 167, 169; Rut Blees Luxemburg 6; Building Design Partnership 102 (middle); Burkhalter Sumi Architekten 205, 213; Orlando Cabanban, Bertrand Goldberg Archive, Ryerson & Burnham Archives, The Art Institute of Chicago 1, 226, 227 (left); David Chipperfield Architects 28; H.G. Esch, Hennef 2–3, 162; Mitsumasa Fujitsuka 138–141; Gehry Partners LLP 99 (bottom); Gigon/Guyer Architekten 54; Hedrich Blessing Collection, Chicago History Museum 118; Oliver Heissner 186–188; Simon Henley 21, 46, 47, 49, 57 (bottom), 58, 60 (bottom), 61 (bottom right), 78 (top right and bottom), 79, 80 (bottom right), 81, 99 (top and middle), 100 (top), 101, 102 (top and bottom), 103, 109, 115, 117, 154–157, 158 (middle and bottom), 171 (bottom), 172 (top and bottom right), 179, 181, 203 (bottom), 208, 210, 214, 230, 231 (top), 244–247, 250; Steven Holl Architects 163; IaN+ 112; Courtesy of Albert Kahn Associates, Inc 160–161; © 1977 Louis I. Kahn Collection, University of Pennsylvania and Pennsylvania Historical and Museum Commission 10; Nicholas Kane/Arcaid 166, 168; Karant & Associates, courtesy of Tigerman Fugman McCurry 132, 134–137; Heiner Leiska 51, 105, 182–185; Courtesy of Lyon Parc Auto 15, 170, 171 (top), 172 (bottom left), 173; Bruce Martin 106; Ignacio Martinez Suárez 164; Morphosis 212; Jeroen Musch 242; NL Architects 232, 234; Office for Metropolitan Architecture 27 (top), 211, 229, 231 (bottom); Pablo Orcajo 52; R&Sie(n) 218; Courtesy of RIBA Library Photographs Collection 4–5, 8, 9 (bottom), 11, 13, 18, 25, 26, 42, 98, 100 (bottom), 114, 116, 120–122, 203 (top), 227 (right); Christian Richters 29, 174, 176, 178, 180, 215; Courtesy of Kevin Roche John Dinkeloo and Associates LLC 44, 70, 74–76; Ken Rorrison 158 (top); Hans-Christian Schink, Punctum Fotografie 110, 111; Jamie Shorten 48; Skidmore, Owings & Merrill 50; Annabel Taylor 104; VMX Architects 240–241, 243; Paul Warchol 45, 107; Dominique Marc Wehrli, Architekturbild 53; Hans Werlemans 27 (bottom left and right); Zaha Hadid Architects 82–85.